8年生窄冠黑杨团状（4株团）配置试验林，平均胸径18.8厘米（魏县新世纪实验场）

8年生窄冠黑杨行状试验林（对照图），平均胸径17.44厘米（魏县新世纪实验场）

4年生中林—46杨团状（3株团）配置试验林，平均胸径15.7厘米（河北省魏县柏二庄村）

4年生欧美107杨团状（3株团）
配置试验林。平均胸径16.1厘米
（河北省临漳县东芦村）

2年生抗虫杨10个测试品种
线段型团状配置试验林
（魏县新世纪实验场）

8年生2025杨团状（4株团）
配置与107杨树苗复合经营
（魏县新世纪实验场）

6年生欧美107杨团状配置与果树
苗木复合经营
（魏县新世纪实验场）

7年生窄冠黑杨团状（3
株团）配置与花木紫叶
李复合经营
（魏县新世纪试验场）

欧美107杨团状配置与园林树种
五角枫复合经营
（魏县新世纪试验场）

3年生欧美107杨团状（3株团）配置试验林与大豆复合经营
（河北省临漳县东芦村）

3年生欧美107杨团状（3株团）配置试验林与辣椒复合经营
（河北省临漳县东芦村）

3年生欧美107杨团状（3株团）配置试验林与大葱复合经营
（河北省临漳县东芦村）

杨树团状造林及林农复合经营

刘振廷　编著

金盾出版社

内 容 提 要

本书内容包括：杨树造林概述，杨树优良品种，杨树采穗圃，杨树育苗，杨树团状配置营造速生丰产林，发展林下经济，杨树团状配置营造农田防护（用材）林，杨树团状配置与粮、棉、油农作物复合经营，杨树团状配置与其他经济作物复合经营，杨树主要病虫害防治。书中介绍的杨树团状造林新模式的产材量可比传统的行状造林模式提高 20% 以上。本书内容详实，图文并茂，技术实用。适合农村广大农民、林业专业户、国营林场、杨木加工企业阅读应用，也可供林业科技人员和林业院校师生阅读参考。

图书在版编目(CIP)数据

杨树团状造林及林农复合经营/刘振廷编著 . -- 北京 ：金盾出版社,2012.1

ISBN 978-7-5082-7249-8

Ⅰ.①杨…　Ⅱ.①刘…　Ⅲ.①杨树—造林②杨树—农林复合经营　Ⅳ.①S792.11

中国版本图书馆 CIP 数据核字(2011)第 220983 号

金盾出版社出版、总发行

北京太平路 5 号(地铁万寿路站往南)

邮政编码:100036　电话:68214039　83219215

传真:68276683　网址:www.jdcbs.cn

封面印刷:北京蓝迪彩色印务有限公司

彩页正文印刷:北京金盾印刷厂

装订:永胜装订厂

各地新华书店经销

开本:850×1168 1/32　印张:6.875　彩页:4　字数:163 千字

2012 年 1 月第 1 版第 1 次印刷

印数:1~8 000 册　定价:13.00 元

作者简介

刘振廷，1951 年 3 月出生，河北省魏县人，中共党员。1976 年毕业于河北林学院，分配到魏县林业局工作。曾任魏县林业局副局长，总工程师，林业正高级工程师。中国林学会会员，河北省林学会会员。邯郸市第六届、第七届党代表，魏县第十三届人大代表、常委，第十四届人大代表。2000 年 6 月获得国务院"特殊津贴"待遇。

1992 年主持完成的"黑杨派南方型优良无性系引种试验研究"，获邯郸市科技进步二等奖；"741 杨、中林－46 杨繁育推广"项目，1998 年获国家林业局科技进步三等奖；"杨树优良无性系推广"项目，1998 年获国家科技进步三等奖；"杨树混农速生丰产林结构、功能及经济效益研究"，2002 年获河北省科技进步三等奖；"名特优热杂果种植研究"，2004 年获河北省金桥工程三等奖；"窄冠黑白杨、窄冠黑杨示范推广"项目，2009 年获中国林学会、梁希科技进步三等奖。另有 8 项科研项目分别荣获厅、市级科技进步一、二、三等奖。已发表省级以上论文 60 余篇。

先后荣获河北省"林业系统先进工作者"、"科技工作先进个人"、"绿林杯竞赛奖",邯郸市"农业战线标兵";两次荣立邯郸市委、市政府"二等功";两次荣获河北省"优秀林果咨询专家"等表彰和奖励。

序

　　由于国产的木材供不应求,我国已成为世界木材进口大国。大量栽培人工用材林,提高木材产量,增加木材自给率,是解决我国木材短缺的当务之急。杨树生产木材的能力与其他树种相比,居于前位,在集约栽培下杨树平均每年每 667 米^2 蓄积生长量可达 1.5 米^3 左右。虽然我国杨树种植面积居世界首位,但是中、低产林占多数,杨木产量低,质量不够高。如能推广良种良法,将习惯的杨树粗放栽培转变为集约栽培,杨树的生产力便能大幅度提高,就能帮助农民把杨树栽培成"摇钱树"。高产的杨树林平均每年每 667 米^2 可固定二氧化碳 1.8 吨左右,有显著的环保作用。由此可见,提高我国的杨树丰产栽培水平,既有助于解决国家木材短缺和保护环境,还能帮助农民致富。可谓利国利民。

　　我国平原农区是国家粮食主要生产基地,在这里,粮食是主角,杨树是配角。杨树占地应减到最少,杨树对粮食作物的副作用也应降到最低,所以,调整好杨树和粮食作物的关系,具有战略意义。为此目的而提出的杨树团状造林就是为协调杨粮关系的尝试。杨树团状造林是一种不同于传统的行状造林的创新造林模式。杨树成团集中种植,尽可能减少和限制杨树占据农田的空间,既保证了粮食主体地位,又能改善农田小气候,使杨粮长期共存,林茂粮丰。杨树团状造林是新事物,还有许多问题有待继续探索和完善。刘振廷教授级高级工程师在杨树团状造林方面做了大量实际工作,有的已经产生良好的效益,值得肯定。

　　我与作者是1990年在济南召开的窄冠白杨树推广协作会上相识的。我在会上介绍了杨树团状造林模式的设想。作者当时是河北省邯郸市魏县的代表,会后他带回了窄冠白杨的种条和杨树团状造林模式。从那时起,刘振廷同志就开始在魏县繁育良种、营造杨树品种对比林,并进行杨树团状造林试验。经过作者多年坚持不懈的研究与大量的实际工作,终于在杨树团状造林方面获得了有益的经验和初步的成绩,实在难能可贵。

在魏县,作者建立了杨树良种实验场。十年来先后引进杨树良种 30 多种,果树良种 100 多种,筛选出适宜当地生长的良种,培育了大量适合团状造林的窄冠型杨树品种苗木,并且在多处进行了各种形式的杨树团状造林试验,总结出比较适用的杨树团状造林模式,为今后推广杨树团状造林打下了良好的基础。作者长期在基层工作,对华北和中原杨树生产中普遍存在的问题体会较深,本书介绍了作者探索杨树团状造林的心得,总结了经验和教训,其中,作者提出的一些有针对性和创造性的应对措施,具有实际指导意义。作者发展了杨树团状造林的概念,除了杨树团状造林与粮食作物复合经营外,还探索了杨树团状造林与一系列作物的复合经营、在农田防护林营造和杨树用材林营造中应用杨树团状造林,拓宽了杨树团状造林的应用范围。作者提出修造树盘的想法和做法,确有创新。修造树盘使杨树根系分布区下降到农田耕作层 20 厘米以下,大大缓解了杨树根系与农作物根系的竞争。这样一来,窄冠型杨树品种的团状造林,在地上缓解了杨树对农作物遮阴的矛盾,在地下又缓和了杨树与农作物根系争夺水肥的矛盾,促使杨树和农作物有可能长期和谐共存。

我衷心希望这本书的出版能有助于克服当前杨树生产中存在的弊病,促进杨树团状造林这一新生事物的成长,促进我国杨树丰产栽培水平的提高。

郑世锴

于中国林业科学研究院

2011 年 11 月

前　言

　　杨树是我国北方平原地区广泛栽植的用材树种,约占造林总量的 70%。近几年来,我国木材加工业蓬勃兴起,再加上山区天然林实行保护禁伐,使杨树木材价格逐年攀升,农民栽植杨树的积极性空前高涨。

　　值得注意的是,杨树良种不断出现,我国林业科研工作者经多年研究,培育和引进了一些优良速生杨树品种,良种研究与繁育已取得显著成绩。科学管理如施肥、浇水、整枝、防治病虫等各项技术也逐步被广大农民所认识和利用。但是,目前杨树的栽培方式仍然沿袭传统而古老的造林模式。在围绕造林培育目标确定造林密度时,仍然是在传统的行状造林的框架内进行株行距的变动。在生产上也仍然是推广行状造林,造林密度往往偏大,林分表现出生长缓慢、病虫危害较重等情况,培育的中小径材多,良种的速生特性没有充分显示出来,研究成果数据与推广中调查得到的材积数据相差甚远。因此,传统的造林模式已经严重阻碍了杨树良种的速生丰产和生态效益。

　　为了改革行状造林这一传统而又古老的造林方法,缓解杨树"胁地"造成的农林矛盾,给农民带来更多经济效益,中国林科院研究员郑世锴先生,于 20 世纪 90 年代首先提出了在农田内实行团状造林复合经营模式的设想,并进行了一些试验。他认为:平原农区是国家粮食主要生产基地,粮食是主角,杨树是配角。杨树占地应减到最少,杨树对粮食作物的副作用应该降到最低。为此他提出一种杨树与农作物的长期间作方式,即杨树团状配置。设计原则是:尽量限制杨树所占的土地面积和空间,少占耕地,少"胁地",

以粮为主,杨树分享农业的水肥投入和土壤管理效益,通过改善农田小气候,使杨粮长期共存,林茂粮丰。杨树的团状配置将多株杨树集中种植在一起,缩小杨树与农作物的接触面,缩小杨树的遮阴面积,缩短杨树遮阴时间。因此,明显地减轻了农作物的减产。作者受此启示,对杨树多种栽植模式的生长表现进行了全面调查。首先对各类林分即带状林、散生木、团状树、孤立木生长量进行调查,再对调查数据进行统计分析比较;其次设计了多种模式的杨树团状试验林和杨农复合经营试验林,建立了林木生长量调查的固定标准地和测产样方。经过对调查数据的整理分析,找出了杨树片林及杨农长期复合经营的理论依据和今后的发展方向。在此基础上,结合农村农业结构调整,促进农业规模化种植、产业化发展,设计了一套适用于广大平原地区的团状造林模式,即团状片林模式、团状防护林模式、团状杨农复合经营模式等。

作者从 1990 年开始研究团状造林,紧密结合林业生产开展研究工作,在实践中不断总结经验教训,不断探索和修改团状造林模式,花费了 20 年的时间总结出本书中介绍的团状造林模式。但这些模式难免存在着错误和缺点,希望林业科技工作者提出宝贵意见,并参与团状造林的深入研究。希望广大读者在推广应用中提出合理建议,使这些造林模式在生产实践中不断得到补充和完善。在团状造林试验过程中,路露、安金明、李云峰、潘文明等同志积极参与生长量调查、数据整理等项工作,特别是路露同志对本书初稿的打印整理付出了辛勤的劳动,在此一并表示衷心的感谢!

刘振廷

2011 年 10 月

目　　录

第一章　概　述

第一节　杨树在平原绿化中的
地位与发展趋势

随着木材工业的蓬勃兴起,为木材工业提供的原料林也应运而生并逐年扩大规模。我国北方广大平原地区是杨树栽培的适生区,由于受木材价格的诱惑,激发了广大村民栽植杨树的积极性。在杨树大规模发展的同时,作为林业工作者应清醒地去思考两大问题。一是如何选择和创造最佳的栽培模式,使林木产量、质量和效益有一个新的飞跃,充分发挥杨树良种的速生特性。二是在山区林木控制采伐、木材来源极度匮乏的情况下,发展平原林业、打造平原森林、助推木材工业的发展;在不影响或少影响农业生产的前提下,拓宽杨树栽植范围,推广杨、农复合经营,农林长期共存、和谐发展,实现农业增效、农民增收,彻底改善生态环境。解决好上述两个问题,平原生态农业将会出现一个崭新的局面。

杨树是我国北方广大平原地区的主要栽培树种。党的十一届三中全会以来,林业建设得到了突飞猛进的发展,杨树栽培面积逐年扩大,占平原树种的 70% 以上。村庄周围、河流两岸、路渠两旁、农田道路、沙荒地、盐碱地、闲散地、坑塘等到处可见杨树片林、林带。平原绿化水平显著提高,生态环境初步得到改善。20世纪 90 年代以来,我国林业科研人员研究选育和引进了一大批速生杨树新品种,如中林-46杨、欧美107杨、欧美108杨、2025杨、1-35杨、窄冠黑杨、窄冠白杨、窄冠黑白杨、丹红杨等,在广大平原地区迅速广泛推广应用,获得了巨大的经济效益、生态效益和社会效益。

我国木材工业的迅速崛起,木材的需求量越来越大,加上我国原始林区的封山禁伐,木材短缺更加严重,随之带来木材价格逐年攀升。从20世纪90年代杨木350元/米^3(小头直径20厘米)上涨到2007年的900元/米^3,价格提高了1.57倍,直径30厘米以上的大径杨木1 200元/米^3。由此引发广大村民栽植杨树的积极性。目前,杨树栽培的比例、面积和株数均为历史之最高。

第二节　平原杨树行状造林存在的突出矛盾与问题

一、村庄周围杨树片林栽培现状与问题

在速生杨树大面积发展的背后,却存在着诸多问题,其中最突出的问题是栽植密度不合理,从而直接影响了农民的经济效益和稳定的生态效益。根据我们的调查,河北省魏县村庄绿化速生杨栽植面积约有0.4万公顷,而栽植密度为每667米^{2}50~70株的约占30%,80~140株的约占55%,150株以上的约占15%,有的农户每667米^{2}栽植200余株,栽后3年就变成了小老树。这样,优良速生品种与老品种生长量无明显区别,失去了良种的意义。定植5~6年就得采伐,基本上都是小径材,不仅影响了农民的直接收入,也造成了生态环境的不稳定性。据初步测算,6年生中林-46杨栽植规格2米×3米,每667米^{2}植110株,林木蓄积量只有2.3米^3,均为小径材,平均每年每667米^{2}生长量0.383 3米^3,

价值 115 元(现价 300 元/米³),比一般水平的速生丰产林每 667 米² 每年生长量 1 米³ 相差 1.6 倍,价值相差 735 元,全县 0.4 万公顷村庄片林每年就少收入 4 410 万元。因此,栽培模式的改革与创新是林业科技工作者和各级政府主要领导值得深思的问题。

中国林业科学院杨树栽培专家郑世锴研究员编著的《杨树丰产栽培技术问答》第 6 问中明确指出:当前我国杨树栽培中存在的问题是,农民不知道在种杨树之前首先要确定培育目标,经常没有实行定向培育,习惯地选择比较大的密度栽植,结果只能生产价格较低的小径材或中、小径材,只能供造纸用。而轮伐期较长和价格较高的大径材,种得很少。优质的大径材经常供不应求,影响胶合板工业的发展,也减少了农民的收入。在栽植规格上他提出:培育小径纤维材每 667 米² 株数在 55.5～111 株之间,轮伐期 3～5 年;培育中径材每 667 米² 株数在 27.8～44.4 株之间,轮伐期 7～8 年;培育大径材每 667 米² 株数在 18.5～22.2 株之间。

因此,在村庄周围营造片林时,必须首先确定培育目标,根据培育目标确定造林密度,采用团状造林的方法,农民的收入会明显增加。而目前大密度的行状造林会造成农民收入的减少和土地资源的浪费。

二、沙荒地、次耕地杨树片林栽培现状与问题

在平原地区的沙荒地、次耕地上营造的杨树片林,仍然是沿袭传统而又古老的造林方法,采用行状栽植模式,如 2 米×6 米、3 米×4 米、4 米×6 米、3 米×7 米等。在初期林木生长量明显高于村庄周围大密度栽植的速生杨,发挥了前期(定植 1～3 年)的速生特性,但中期(定植 4～7 年)生长量仍然明显下降,后期的生长量又与老品种相似,新品种的生长优势没有充分发挥出来。据调查,中林-46 杨两株孤立木,12 年生胸径 56 厘米和 55 厘米,单株材积分别为 2.002 米³ 和 1.931 米³,平均每年生长量 0.166 8 米³ 和

0.161 米^3。河北省魏县苗圃场定植 4 米×6 米的中林-46 杨 7 年生平均胸径 19 厘米,单株材积 0.166 2 米^3,年平均每株材积生长量 0.024 米^3,分别是孤立木生长量的 14.2% 和 14.7%。同样品种,年平均每株材积生长量差别如此之大,由此可见,再好的速生杨品种,栽植模式落后,仍然是劣势树种的水平,彻底失去了速生杨的意义。

三、基本农田保护区杨树片林的扩散问题

改革开放 30 年的伟大成就之一就是生产力得到了彻底解放和充分发挥。广大村民在经营好自己的农田之外,大批青壮年劳动力拥入城市各大企业务工或自主经营,已成为农村经济收入的一大支柱经济来源。特别是进入 21 世纪以来,木材价格逐年攀升和免收农业税后,外出务工的家庭就把自己的责任田全部栽上了树,任其生长,3 年以后,林木越来越大,影响四邻农田的作物产量,邻居别无选择,只好被迫也栽上树。这样年复一年,向外放射性扩展,大片的基本农田变成了林地,这类杨树林基本不管,或管理很粗放,效益差,浪费了土地,这种树木乱栽、农田失控的局面仍在继续发展和蔓延。由此又引发了林地边缘户与农田经营户之间的矛盾纠纷,上访农户逐年增多,这对建立和谐社会和践行科学发展观造成了负面影响,是急需解决的问题。

第三节　杨树带状间作林在平原
地区的发展与存在的问题

杨树带状间作林栽培是在 20 世纪 80 年代发展起来的农林间作模式,取得了林茂粮丰的好效果。河北省魏县车往镇 1993 年春发展杨农带状间作林 0.25 万公顷,采用了栽植规格(2 米×2 米)×28 米、(2 米×2 米)×58 米、2 米×30 米等多种间作模式进行

农林间作,每 667 米² 植树 11～22 株。笔者组织科技人员对各种栽植模式建立固定标准地,对每年的林木生长量和间作物产量进行测产调查。下面以杨甘固村定植(2 米×2 米)×58 米的中林-46 杨间作林为例进行介绍。1993 春定植后,建立了测产标准地 3 块,测产样方 27 块,每块标准地设样方 9 块,每一样方代表宽度为 4 米。坚持每年夏、秋两季测产。1997 年调查,5 年生中林-46 杨,平均树高 17 米,平均胸径 17.8 厘米时,对间作小麦各样带测产。其测产数据见表 1-1。

表 1-1　距林带不同距离各样带小麦平均产量对照

距离(米)	0～4	4～8	8～14	14～24	24～34	24～14	14～8	8～4	4～0	对　照
样带产量 (千克/公顷²)	2787.0	3529.5	3976.5	4737.0	4957.5	4650.0	4054.5	3601.5	2788.5	4080.0
增减产量 (千克/公顷²)	−1293.0	−550.5	−103.5	657.0	877.5	570.0	−25.5	−478.5	−1291.5	0
增减%	−31.7	−13.5	−2.5	16.1	21.5	14.0	−0.6	−11.7	−31.7	0

从表中调查数据可以看出,在两林带之间 58 米宽的间作带内,离树 0～8 米内小麦每公顷平均产量为 3 177 千克,平均减产 22.1％,为明显减产区;8～14 米平均产量为 4 015.5 千克,比对照减产 1.58％,为基本平产区;距两林带 14 米以外,代表宽度为 30 米,平均每公顷产量为 4 782 千克,比对照增产 702 千克,增产 17.2％,为明显增产区。

从上述调查结果分析,在间作区内出现了 3 个不同的产量带,即减产区带宽 16 米,距树一侧为 8 米,占间作地的 27.6％;平产区带宽 12 米,占间作地的 20.7％;增产区带宽 30 米,占间作地 51.7％。间作地平均每公顷产量 4 221 千克,比对照样带增产 141 千克,增产 3.5％。

带状间作林对小麦影响不大,距林带 8 米内为减产区,减产

22.1%,但林带对小麦防止干热风,促进中间作物带增产 17.2%,弥补了林阴下减产区的产量。秋季种植玉米减产幅度较大,据魏县黄甘固村(2 米×2 米)×58 米的 5 年生间作林,距林带 0~8 米玉米产量 3 324 千克/公顷^2,比无林地玉米 5 790 千克/公顷^2 减产42.6%,平均产量比无林地玉米减产 11.3%。

　　试验证明,带状间作林的林木生长量明显大于行状林,而且可以在平原农区农林间作栽植,拓宽了造林范围。同时,利用以耕代抚的方式,减少了林木肥水管理的投入,在给农作物浇水追肥的同时,渗漏部分水分与养分正好被林木根系吸收,达到了水分与养分的综合利用。但是带状林又存在着不可忽视的问题。首先由于林带形成了树墙式林冠,对林带两侧的作物形成严重的林阴遮光带,因作物光照不足形成减产。其次是林木根系可向外伸展达 5 米左右,与农作物争水争肥,影响间作物的正常生长发育,是造成减产的第二个原因。调查数据显示,在林带两侧形成了宽 16 米左右的作物减产带,小麦减产 22.1%,玉米减产 42.6%,如果长成大径木或特大径木,作物减产幅度将会更加明显。在推广过程中,农民看到林带两侧作物明显减产,就想把树刨掉,很难长成大材,对大面积推广农林间作将会产生一定影响。因此,林阴减产带是阻碍杨树大面积推广的根本原因,也是林业研究的一个最重要的课题。只有把减产带变成平产带,将减产副作用降到最低,才能最终实现平原林业的又好又快发展。

第四节　杨树团状造林的意义和作用

一、团状造林的意义

　　团状造林是在总结行状造林经验和教训的基础上而发展形成

的。它吸取了平原农村大面积社会造林密度大、产量低、材质差、造成大面积土地浪费、农民收入低的沉痛教训,吸收了科研人员杨树栽培研究的成果及项目造林的经验,在认真总结目前造林存在问题的基础上,找出了提高光能利用率的非均匀配置的方法,从而形成了团状造林模式。这一创新造林模式的诞生,拓宽了杨树造林的空间,丰富和发展了杨树造林模式,明确了杨树栽培研究方向。笔者以 30 余年的林业生产实践、多年的调查数据和试验数据证明,团状造林材积增长明显,推广团状栽植模式是实现林业跨越式发展,促进和提高林业的生态效益、经济效益和社会效益的有效途径,是造林模式的发展和创新。因此,实施团状造林具有深远的历史意义和重大的现实意义。

二、团状造林的作用

(一)可充分发挥杨树良种的速生丰产性 保持杨树良种的速生性,须解决好两大关键问题:一是肥水管理问题,二是光照问题,二者相互依赖。栽植的片林均为行状栽植,如 3 米×5 米、4 米×6 米等。造林后前 3 年生长较快,第四年以后生长量逐年下降。密度过大的林分,幼龄期已形成郁闭,影响叶片经光合作用对营养物质的积累,是造成林木生长缓慢的根本原因。科研人员研究出来的速生杨树新品种,在生产中却因栽植模式落后而变成了劣势品种,品种的科技进步未能带来较高的经济效益。团状栽植是把原来的行状栽植方法进行有机组合,由单株等距离定植,变为"3-4-6"株一团定植,缩小了团内株距,使团与团之间拉大了距离,阳光从团间距内和团行距内都能全天候射入林内,使树上所有叶片都可以正常进行光合作用,杨树良种的速生性将会充分发挥出来,最终实现团状型片林速生丰产。笔者在自己的"良种实验场"进行了 8 年的团状造林试验,以窄冠黑杨为例不同栽植模式的生长量比较见表 1-2。

表 1-2 窄冠黑杨不同栽植模式生长量比较

林龄(年)	栽植模式	栽植规格(米)	每 667 米²植株数(株)	生长量			
				平均胸径(厘米)	单株材积(米³)	每 667 米²蓄积(米³)	%
8	行 状	4×6	28	17.44	0.1234	3.4552	100
8	带 状	(2×2)×22	28	16.03	0.1169	3.2732	94.7
8	团状(4株团)	(2×2)×9.5×10	28	18.77	0.1484	4.1552	120.3

从表 1-2 可以看出,8 年生窄冠黑杨行状林平均胸径生长量 17.44 厘米,单株材积 0.1234 米³,而同样密度的窄冠黑杨团状林,平均胸径 18.77 厘米,比行状林生长量提高 20.3%。

(二)可提高木材质量、提升木材价值 一般行状造林,每 667 米²植 28~56 株,前 3 年可正常生长,中后期(定植 4~8 年)生长量明显减慢,只能培育中径材,只有边行可长成大径材。每 667 米²植同样株数的团状林,可解决中后期生长缓慢问题,而且同年度采伐均可培育出大径材。现价中径材 700 元/米³,而大径材 850 元/米³ 以上,每立方米最低相差 150 元以上,仅此 1 项可提高经济价值 21.4%。

(三)可把间伐与更新融为一体 行状林培育大径材,中期必须间伐 1 次,剩余的培育大径木。而团状栽植无须间伐就可培育大径木,但考虑防护效益也应采取间伐,隔团伐团,间伐后不必再栽小树,利用伐根造林的方法萌生新株。由于团与团之间的距离较远,新生株仍可以得到较充足的阳光,不但不影响生长,而且省钱、省工,顺利完成更新。行状林间伐后就不可能采取伐根萌生的办法,因为伐根萌生的新株距四周的林木太近,树冠阻挡光照,新生株见光时间短,长成中径材就很困难。

(四)可有效控制杨树病虫害的发生与蔓延　大密度的行状造林使杨树病虫害的发生危害越来越严重。如杨树溃疡病,在 20 世纪 90 年代只危害白杨派和青杨派品种,而且发病较轻,黑杨派品种基本无危害。杨尺蠖、草履蚧、杨天社蛾等害虫对杨树的为害程度一年比一年严重,大片林地的树叶被害虫吃光。分析原因,主要是行状林间距小,杨树的长势不好,树冠形成郁闭,林下光照不足,湿度增加,给病虫害提供了适生条件。而团状栽植,团与团之间树冠不相连接,林内光照充足,林木生长健壮,林内湿度增幅较小,可减轻病虫害的发生与蔓延,达到保护林木的目的。

(五)可提高土地利用率、发展生态农业、改善生态环境　行状造林,在平原地区只能在村庄周围闲散地、坑塘、沙荒地、盐碱地栽植,广大农田不能栽片林。带状栽植的间作林两侧有 8 米的减产带,影响作物产量。而采取团状栽植的办法实现团状杨农复合经营,既解决了生态环境问题,又调整了农业种植结构,由林木胁地造成的农林之间的矛盾变成农林长期复合经营相互依赖、相互促进。如在某一地区利用 50%耕地发展复合经营,可使这一地区的森林覆盖率提高 10 个百分点以上,在基本不影响作物产量的前提下,平原森林的雏形将会形成。推广杨农间作、杨菜间作、杨果间作、杨药间作、杨菌(食用菌)间作等多种复合经营模式,实现立体、高效生态型农业种植结构,为平原林业的发展开辟了广阔的空间。复合经营基本不影响间作产量,又可获得木材的收入。笔者在自己的实验场建立了 3.33 公顷杨树与果树苗木复合经营,现以杨树与桃树苗木复合经营为例,其试验林生长量及间作桃苗产量见表 1-3。

表 1-3 杨树团状复合经营试验林生长量及间作桃苗产量调查

品　种	树　龄（年）	栽植模式	栽植规格（米）	每 667 米² 植株数（株）	树盘占地面积（米²）
107 杨	6	三角形 3 株团	(2×2)× 15×20	6.7	32
窄冠黑杨	6	三角形 3 株团	(2×2)× 15×20	6.7	32
无杨苗圃（对照）	—	—	—	—	—

品　种	生长量		每 667 米² 蓄积（米³）	年均生长量（米³）	间作桃苗每 667 米² 产量（株）			
	平均胸径（厘米）	单株材积（米³）			0.5～0.7（地径）（厘米）	0.8 以上（地径）（厘米）	小计	％
107 杨	21.33	0.2273	1.5229	0.2538	6496	4965	11461	95.3
窄冠黑杨	18.77	0.178	1.1926	0.1196	7085	4482	11567	96.2
无杨苗圃（对照）	—	—	—	—	6124	5898	12022	100

从表 1-3 可以看出,107 杨团状林内间作桃苗,每 667 米² 产 11 461 株,比无间作的桃苗圃地减少 561 株,减产 4.7%。窄冠黑杨团状林内间作桃苗,每 667 米² 产 11 567 株,比无林桃苗圃减少 455 株,减产 3.8%。杨树与桃苗间作,在每 667 米² 定植 6.7 株的密度时,桃苗产量减产 3.8%～4.7%,如与农作物或蔬菜间作,可以实现基本不减产。一个林海茫茫、麦浪滚滚、花果飘香、五业兴旺的生态农业新格局将会展现在平原大地。

第五节　推广杨树团状造林应注意的问题

一、解决好造林者的思想认识问题

团状造林是一个新生事物,在推广过程中会遇到一些实际问题。首先是农民不习惯这样的栽植方法,改变传统的造林方式还需要有一个过程。在这个推广过程中需要林业技术人员,特别是在基层工作的技术人员,首先学习和掌握团状造林技术,并从经济效益入手向农民广泛宣传团状造林的好处,使他们认识到团状林比行状林生长快、周期短、见效快、收益高、生态环境好的重大意义,从而使他们由被动变主动,接受团状造林。其次是团状造林的培育目标要明确,生长规律要掌握。团状造林是以培育大、中径材为主(胸径 18~30 厘米以上)的造林模式,不适宜培育小径材。因为培育小径材栽植密度大,树团之间拉不开距离,树团内株距更小,树木没有伸展空间,生长量不但不增加,还会减少。培育中径材的团状林,前期生长量(1~3 年)低于行状林,但中、后期生长量(4~10 年)明显大于行状林。笔者对中林-46 杨团状试验林(对照同密度行状林)进行生长量调查的结果见表 1-4。

表 1-4　中林-46 杨团状栽植与行状栽植生长量比较

林龄(年)	栽植模式	栽植规格(米)	每 667 米² 植株数(株)	胸径(厘米)	年平均胸径生长量(厘米)	%	连年胸径生长量(厘米)	%
1	行状	3×5.4	41	5.36	3.56	100	3.56	100
	团状(3株团)	(1.5×2)×7×7	41	5.34	3.54	99.4	3.54	99.4

林龄（年）	栽植模式	栽植规格（米）	每 667 米² 植株数（株）	胸径（厘米）	年平均胸径生长量（厘米）	%	连年胸径生长量（厘米）	%
2	行状	3×5.4	41	9.80	4.0	100	4.44	100
	团状（3 株团）	(1.5×2)×7×7	41	9.24	3.72	93.0	3.9	87.8
3	行状	3×5.4	41	12.9	3.7	100	3.1	100
	团状（3 株团）	(1.5×2)×7×7	41	12.57	3.6	97.3	3.33	107.4
4	行状	3×5.4	41	15.84	3.51	100	2.94	100
	团状（3 株团）	(1.5×2)×7×7	41	16.01	3.55	101.1	3.44	117.0

从表 1-4 调查数据可以看出，前 3 年团状林胸径生长量低于行状林，第四年团状林的胸径生长量略高于行状林。从连年生长量看，前 2 年行状林胸径生长量分别高于团状林 0.6％和 12.6％，第三年团状林超过行状林 7.4％，第四年超过 17％，随着林龄增加，团状林的连年生长量增长幅度有逐年增大的趋势。

团状林前期生长（1～3 年）比行状林生长量小，容易给造林者造成错误的认识，看到团状林生长慢可能要毁掉。例如，魏县康町村农民承包 2.67 公顷地，2007 年春定植了团状林，到 2009 年看到团状林还小于行状林的生长量，结果全部刨掉。出现这种情况的主要因素是农民不了解团状林的生长规律，宣传工作和技术服务没有跟上。但是团状林的中后期生长能比行状林快多少，因基层的林业技术人员没有依据，所以又不能盲目宣传。笔者对杨树团状试验林中期生长量进行了调查，现将调查结果（表 1-5）提供给读者供参考。

表 1-5　两个杨树品种不同栽植模式中期生长量比较

品种	林龄（年）	栽植模式	栽植规格（米）	每 667 米² 植株数（株）	生长量 胸径（厘米）	生长量 材积（米³）	％	间作情况
窄冠黑杨	8	行状	4×6	28	17.44	0.1234	100	前 2 年间作苗木
		带状	(2×2)×22	28	16.03	0.1169	94.7	前 4 年间作苗木
		团状	(2×2)×9.5×10	28	18.77	0.1484	120.3	前 3 年间作苗木
L-35 杨	8	带状	(2×2)×22	28	17.32	0.1356	100	前 3 年间作苗木
		团状	(2×2)×9.5×10	28	19.54	0.2017	148.7	前 3 年间作苗木

从表 1-5 的调查数据证明,团状林中期的生长量明显大于行状和带状林。8 年生的窄冠黑杨团状林 667 米² 材积量比行状林提高了 20.3％,比带状林提高了 26.9％。L-35 杨 8 年生团状林比带状林提高了 48.7％。实践证明,同样密度团状栽植的片林,生长量都明显大于行状林和带状林。

二、运用好团状造林的关键技术

(一)把好栽植关　把好栽植关是团状造林成败的基础。首先,在一个树团内必须是同一个品种,苗木规格必须一致,才能保证树团内树木生长均衡。如果树团内品种不统一,则生长量有差异。生长快的品种随着树冠的扩大,光照条件优越,生长会更快;而生长慢的品种因树冠扩展的空间被占据,光照又受到影响,会生长更慢。结果形成两极分化,造成材积生长量减少,而且大径材数量减少,木材质量降低,最终受害的是农民。其次,在同一个树团内品种相同,但苗木规格不一致也会出现上述同样的结果。因此,要求在同一树团内的树种必须是同一品种,苗木规格必须统一。

(二)把好修造树盘关 修造树盘深度要求在农田表面以下20厘米,树盘面积的标准,距团状树以外1米为外边界。树盘可整成长方形、正方形、三角形等。

树盘修造是团状林实现速生丰产的一项一劳永逸的关键措施。在常年的管理中可解决两个问题:一是可以解决给树木灌大水、灌透水问题,以满足林木对水分的需要。在地表面直接挖坑植树,灌水渗透深度只有20~30厘米,而杨树的大量根系分布在30厘米以下,对杨树生长的作用很小,又浪费了大量的水资源及投资。二是减少杨树根系在耕地耕作层内的分布,可以缓解耕地耕作层内杨树根系与农作物争夺肥水的问题,为杨农复合经营创造条件。这样,可形成30厘米以上的土层(此层主要是农作物的根系分布区)和30厘米以下的土层(此层主要是杨树根系的分布区)。修造树盘有利于协调杨树与农作物根系的分布与生长的矛盾。

(三)把好浇水施肥关 适时浇水、施肥可加快树木生长。在华北中南部及中原地区,杨树年内速生期是4~9月份,以5月份材积生长量最大。因此,要抓住杨树的速生期浇水、施肥,分别在3~4月份、5~6月份浇水追肥,7~8月份浇水,会明显增加产材量。

三、确定团状造林的栽植密度

总结平原地区造林的经验教训,往往是造林密度大而形成生长慢,中、小径材多,病虫害严重等一系列问题。直接影响农民的利益,也影响了生态环境质量和绿化水平。团状造林如果造林密度过大也会出现同样的问题。

团状林的造林密度应根据培育目标来确定。

第五节 推广杨树团状造林应注意的问题

团状林不适用于培育小径材,但大、中径材的枝杈材积可以代替专门培育小径材的林地。培育中径材造林密度应控制在每667米^2 31～41株,团内株距1.5～2米。培育大径材造林密度应控制在每667米^2 22～27株,团内株距2～3米。如果培育目标定为胸径30～40厘米的大径材,每667米^2 的株数不应超过22株,团内株距应加大到3米。也可采用中径材和大径材相结合的培育目标。如初植密度每667米^2 40株,团内株距2.5～3米,5～6年间伐,隔一团伐一团,留20株树培育大径材。间伐的林木又可以采取伐根造林的方法萌生新株,可继续培育大径材。

第二章 杨树优良品种

第一节 杨树类别

杨树主要分五大派,即黑杨派、白杨派、青杨派、胡杨派和大叶杨派。在华北平原地区栽培的主要是黑杨派、白杨派和青杨派。团状造林的主旨是减轻"胁地",因此本章着重介绍对农作物遮阴比较轻的窄冠型的杨树品种。

一、黑 杨 派

目前,黑杨派发展势头较猛,如中林-46 杨、2025 杨、欧美 107 杨、欧美 108 杨、窄冠黑杨、丹红杨、沙兰杨、I-214 杨、I-69 杨、I-72 杨、钻天杨等均属黑杨派。因为黑杨派具有生长快、成材早的特点,又称速生杨。黑杨派多数对肥水条件要求高,对集约栽培措施反应强,材积生长量为五大杨派之首。

二、白 杨 派

白杨派主要品种为雄株毛白杨、易县雌株毛白杨、银白杨、新疆杨,还有利用白杨派杂交选育出的优良无性系,如窄冠白杨、鲁毛 50、741、84K、1319、1316、1211、1237、1414 等毛白杨优良系号。白杨派多数品种(系号)寿命长、材质好、抗寒、抗旱、耐瘠薄能力强。

三、青 杨 派

青杨派主要品种有小叶杨、青杨、滇杨、香杨、小青杨、大青杨等。青杨派多数品种抗旱、抗涝和耐瘠薄能力强；但有些品种易感溃疡病，青杨天牛、光肩星天牛为害较重。

四、胡杨派

胡杨派只有 1 个胡杨品种，主要分布在北纬 $37°\sim47°$，西北的新疆、青海、内蒙古、宁夏都有分布，以新疆栽培面积最大。胡杨具有较强的抗旱性、抗寒性，耐高温、耐瘠薄，在荒漠化土地上能正常生长，是我国西北荒漠化地区宝贵的资源，具有重要的防护作用。

五、大叶杨派

此派品种主要分布在远东和北美。用种子繁殖，插条难生根。我国产的大叶杨派杨树有 4 种，主要分布在长江以南地区，很少被应用。

六、派间杂交种

目前，用于栽培的派间杂交种有：银中杨（银白杨×中东杨）、窄冠黑白杨（69 杨×窄冠白杨 4 号）等。在 20 世纪 70～80 年代，生产上应用较多的派间杂交种有：群众杨（小叶杨×钻天杨×旱杨）、小黑杨（小叶杨×欧洲黑杨）、北京杨（钻天杨×青杨）、大官杨（黑杨×青杨）、泰青杨（黑杨×青杨）等。

第二节　杨树主要优良品种

一、黑杨派品种

（一）欧美 107 杨　由意大利杨树研究所选育。雌株，母本是美国伊利诺伊州的美洲黑杨，父本是意大利中部的欧洲黑杨。中国林业科学研究院张绮纹研究员于 1984 年将其引入我国。

该品种树体高大，树干通直；树冠窄，侧枝与主干夹角小于45°,侧枝细；叶片小而密，叶色深绿；树皮灰褐色粗糙，皮孔灰白色、较大而密，易扦插繁殖；造林成活率高；比较抗虫和抗病；木材基本密度为 0.322 克/厘米³,纤维长度 1 044.4 微米,综合纤维含量为 70%,适宜作工业原料。

欧美 107 杨早期速生。在华北地区年胸径生长量一般可达3～4.5 厘米,树高生长量可达 3～4 米,材积生长量比中林-46 杨大 20%左右。在极端最低温度为－30℃条件下能安全越冬,生长良好。

适宜栽培地区：华北平原,冀、鲁、豫三省及长江中下游平原区。是团状造林适宜品种。

(二)欧美 108 杨　是意大利罗马农林中心选育出的欧美杨天然杂种。雌株。中国林业科学研究院张绮纹研究员于 1984 年引入我国。

该品种树干通直,树冠窄,尖削度小,侧枝与主干夹角小于45°;树皮粗裂、深褐色,皮孔菱形;易扦插繁殖;造林成活率高;较抗虫、抗病;木材基本密度为 0.325 克/厘米³,纤维长 1 057.8 微米,综合纤维含量 70%,适宜作工业原料。

欧美 108 杨早期速生。在华北地区,年胸径生长量一般可达3～4 厘米,年高生长量可达 3～4 米,材积生长量比中林-46 杨大20%左右。是团状造林的适宜品种。

(三)窄冠黑杨　经鉴定的优良无性系号有 1 号、2 号、11 号、055 号和 078 号。是山东农业大学庞金宣、刘国兴、李际江、张友朋等人,采用杂交选育出的杨树优良品种。它们的母本是 I-69 杨(南方型美洲黑杨),父本是窄冠黑青杨 3 个品种的混合花粉。

窄冠黑杨的主要特点是：①树冠窄。冠幅为一般杨树的1/3～1/2。②生长快。一般条件下,5～6 年生胸径可达 20 厘米,树高 18 米,单株材积为 0.2 米^3。10 年生胸径可达 30 厘米,树高达 20 米以上,单株材积为 1 米^3 左右。③较耐盐碱。在土壤含盐量为 0.3%,pH 值为 8.0~8.5 的中轻度盐碱农田生长良好。在土壤含盐量为 0.1%,pH 值为 8.2~8.5 的滨海盐碱农田上可以正常生长。④材质好。木材基本密度为 0.36 克/厘米^3,木材纤维长度为 1 毫米左右,长宽比为 40 以上,制浆得率为 85% 以上,白度为 75.8%~77.2%,是良好的造纸和胶合板原料。⑤6 个品种全都是雄性,不飞絮,不污染环境。⑥易扦插繁殖。2002 年通过鉴定。2003 年国家科技部将其列入重点推广计划。2004 年获山东省科技进步一等奖。窄冠黑杨是团状造林、杨农复合经营的适宜品种。

（四）丹红杨　由中国林业科学研究院林业研究所韩一凡研究员等人选育而成。母本为美洲黑杨 50 号,父本为美洲黑杨 36 号。已通过成果鉴定和国家林木良种认定,并获得国家新品种保护权。

丹红杨为雌株。速生,树冠窄,易繁殖。抗桑天牛,抗溃疡病。在河南焦作立地条件较差的情况下,其早期年平均胸径生长量达 3.7 厘米。在立地条件较好的地方年平均胸径生长量达 5.8 厘米,年平均树高可达 4.9 米。在长江中下游地区速生性更加明显。据湖北省潜江市品种测试林数据显示,3 年生丹红杨,平均胸径生长达 21.6 厘米,平均树高 23 米。

适宜栽培地区:长江中下游地区、中原地区和华北南部地区。是团状造林的适宜品种。

（五）巨霸杨　由中国林业科学研究院林业研究所韩一凡研究员等人选育而成。母本为美洲黑杨 50 号,父本为美洲黑杨 36 号。已通过成果鉴定和国家林木良种认定,并获得国家新品种保护权。

巨霸杨为雄株。速生,树冠窄,易繁殖,耐天牛为害,对溃疡病有较强抗性。在河南焦作立地条件较差的情况下,其早期平均胸径生长量达 3.8 厘米,年平均树高生长量达 3.6 米。在立地条件较好的地方,早期胸径生长量可达 5.8 厘米,年平均树高生长量可达 5 米。

适宜栽培区域:长江中下游地区、中原地区及华北南部地区。是团状造林的适宜品种。

(六)欧黑抗虫杨　欧黑抗虫杨(欧洲黑杨抗食叶害虫转基因植株)包括 N-12、N-153 和 N-172 等三个无性系,均为雌株。由中国林业科学研究院林业研究所和中国科学院微生物研究所共同培育。1998 年获国家科技进步三等奖(N-12 已列为我国"新品种保护"树种)。

欧黑抗虫杨是用带有 35S-Ω-Bt-NOS 嵌合基因的双元载体的农杆菌 LBA4404 转化欧洲黑杨的叶片,获得再生植株。以再生植株对舞毒蛾进行毒力测定,在 5～9 天内校正死亡率达 100%,存活昆虫的生长和发育也明显受到抑制。测定证明,苏云金杆菌基因已插入到植株的 DNA 上,并表达出杀虫活性。欧黑抗虫杨平均胸径生长量为 3 厘米,能耐−30℃的低温。

适宜栽培地区:"三北"地区,杨尺蠖、舞毒蛾、美国白蛾以及杨扇舟蛾为害严重区和多发区。适宜杨树团状造林。

(七)南抗杨系列　该系列包含 11 个品种,有南抗杨 1A、1B、2 号、3 号……10 号。由中国林业科学研究院林业研究所韩一凡研究员等人选育而成。是国家"七五"和"八五"的攻关专题成果,其特性是速生、抗天牛。

在天牛为害严重地区种植的 8 年生南抗杨片林,年均树高 19 米以上,平均胸径达 30 厘米以上,显示了良好的速生性、抗虫性和稳定性。其中南抗杨 2 号、3 号和 4 号均为雄株,既是短周期成材的优质工业原料,也是优良的林网和城市绿化树种。

适宜栽培地区:黄河以南、长江流域及西南地区。华北南部可引种试栽,成功后推广。

(八)桑迪杨　该品种由中国林业科学研究院林业研究所韩一

凡研究员等人引自新西兰的美洲黑杨自花授粉的种子培育而成。共有 3 个系号,其中 1 号为雄株,2 号、3 号为雌株。该品种主干明显,树冠较窄,侧枝细小,秀丽挺拔。经多年观察,天牛不能在桑迪杨上完成生活史。在河南焦作 8 年生品种对比林中,其平均胸径生长量为 28.4 厘米,平均树高为 23.7 米。适生地区为华北地区和长江中下游地区。是团状造林的适宜品种。

(九)中原杨 由中国林业科学研究院林业研究所韩一凡研究员等人选育而成。雄株。速生,耐桑天牛。主干明显,侧枝细小,树冠较窄。6 年生平均树高为 18 米,平均胸径为 29.6 厘米。

适宜栽培地区:黄河以南、长江中下游以及西南地区。适宜团状造林。

(十)吉杨 2 号 由中国林业科学研究院林业研究所韩一凡研究员等由匈牙利引进的欧美杨新品种。雌株,速生。在黄河流域试验林中,吉杨 2 号 7 年生,平均胸径为 28 厘米,平均树高为 19 米。树干通直,木材为胶合板材和纸浆材的工业原料。

适宜栽培地区:华北中南部地区和长江中下游地区。

(十一)L-35 杨 由山东省林科院王彦高工从江苏沭阳引入山东,已通过省级鉴定。

该品种树干通直,枝条较细,分布较密且均匀,冠幅小,尖削度小。生长迅速,在山东西南地区的 4 年生试验林中,胸径年均生长 4.5 厘米,树高年均生长 3 米以上,单株材积比中林-46 杨大 23.3%。木材基本密度为 0.392 克/厘米^3,纤维长度为 1.06 毫米。

L-35 杨的抗旱性和抗寒性好于 I-69 杨,与中林-46 杨相似。对光肩星天牛和桑天牛的抗性较强,对杨树溃疡病和黑斑病抗性较强,优于中林-46 杨。

适宜栽培地区:华北中南部地区、黄河中下游和淮河流域。

(十二)中林-46 杨 是中国林业科学院林业研究所黄东森研

究员等人选育成功的欧美杨优良品种。其母本是美洲黑杨 I-69 杨,父本是欧亚黑杨。1990 年通过鉴定,被列入林业部及国家重点推广计划。

中林-46 杨病虫害较少,速生,优质。雌株。树干通直圆满,材质优良,木材密度和纤维长度均达到要求的指标,适宜作造纸、火柴、胶合板等各种用材。近几年来,由于栽培面积扩大,多数为纯林,栽植密度不合理,造成病虫害的大面积发生蔓延,如水泡型溃疡病、早期落叶病、杨尺蠖等均有发生,有逐年加重的趋势。

适宜栽培地区:华北地区,东北、西北较温暖地区。

二、白杨派优良品种

为选择白杨派优良品种,笔者于 1994 年春在河北魏县苗圃营造了 16 个白杨派优良无性系对比试验林,以广泛栽培的易县毛白杨雌株为对照,随机区组设计,6 株小区,4 次重复,株行距:4 米×6 米,设保护行,试验面积 1.19 公顷。用 1 年生苗造林,苗高 3 米,胸径 1.5 厘米。魏县地处东经 115°01′、北纬 36°15′,年平均气温 13.2℃,极端最高气温 41.1℃,极端最低气温 -19.6℃,无霜期 207.9 天。年平均降水量 525.5 毫米,年平均蒸发量 1 977 毫米,年平均日照时数 2 529.9 小时,3～10 月份日照 1 840.8 小时。试验地的土壤 0～37 厘米为沙壤(耕作层),有机质含量 0.7%,全氮含量 0.02%,速效磷 1.2 毫克/千克,速效钾 45 毫克/千克;37～79 厘米为粗沙,79 厘米以下为中壤。

在河北省不太好的土壤条件下,窄冠白杨各无性系与其他主要参试品种 11 年生时的生长量、冠幅和侧根夹角的调查数据列于表 2-1。第七年时,窄冠白杨 1、3、4、5、6 号的树冠冠幅均小于 2 米,而其他参试品种的冠幅则接近 4 米。11 年时,5 个参试的窄冠白杨的冠幅度仍在 1.8～3.2 米,明显小于对照和其他无性系,为对照的 1/3～1/2(表 2-1)。窄冠白杨的侧根与主根的夹角,比其他参试验无性系都小，因此根系的水平分布较弱，胁地作用较轻。11年时，窄冠白杨3号、1号和5号的平均单株材积，相应超过对照82.7％、44.6％、28.3％；三倍体毛白杨（毛新80）材积产量最高。如果考虑到树冠窄"胁地"轻的优势，在平原农区造林时可以多选用窄冠白杨品种（表2-1）。

表 2-1　11年生窄冠白杨及主要参试品种的生长量和冠幅

杨树无性系	平均树高		平均胸径		平均单株材积		平均冠幅		侧根夹角
	米	％	厘米	％	米³	％	米	％	
窄冠白杨3号	21.1	122.7	22.7	121.4	0.3600	182.7	2.6	40.0	28°
窄冠白杨4号	17.1	99.4	18.2	97.3	0.1809	91.8	3.0	46.2	47°
窄冠白杨5号	16.8	97.7	20.0	107.0	0.2527	128.3	3.2	49.2	53°
窄冠白杨6号	17.6	102.3	18.7	100.0	0.14.7	71.9	1.9	29.2	39°
窄冠白杨1号	19.8	115.1	21.0	112.3	0.2848	144.6	1.8	27.7	37°
易县毛白杨雌株（对照）	17.2	100	18.7	100.0	0.1970	100.0	6.5	100.0	74°
三倍体毛白杨（毛新80）	19.8	115.1	24.1	128.9	0.4459	226.3	10.3	158.5	85°
741杨	18.7	101.6	19.0	101.6	0.2166	109.9	8.1	124.6	74°
1414杨	19.3	112.2	20.5	109.6	0.2831	143.7	7.1	109.2	67°

　　11年的试验结果证明，窄冠白杨3号、窄冠白杨1号、1414杨、三倍体毛白杨生长量较大，在冀南、豫北和鲁西地区可直接推广应用，其他地区应通过引种试验后选择适宜当地的品种。

　　（一）窄冠白杨1号　是山东农业大学庞金宣教授等人采用杂交育种技术所选育出的优良无性系。于1990年9月通过了山东省林业厅组织的鉴定，1991年获山东省科技进步二等奖，1992年获国家发明三等奖，被林业部列为重点推广品种。

窄冠白杨 1 号由南林杨(椴杨×毛白杨)×毛新杨(毛白杨×新疆杨)杂交组合中选出。雄株。树干通直圆满、挺拔,树皮银灰色或灰绿色、光滑无裂纹,树冠极窄。据调查,胸径 26.5 厘米、树高 23.5 米的窄冠白杨 1 号,树冠直径为 1.8 米,不足一般毛白杨树冠直径的 1/3。树冠呈尖塔形,分枝角为 25°~30°。多数材性指标优于易县毛白杨雌株。抗寒力强,在极端最低气温-38℃的条件下能正常生长。在河北省魏县 15 个白杨系号测试林中,材积生长量排在第二位,比易县毛白杨雌株大 44.6%。是林粮间作、农田林网、公路及城市绿化的理想品种。适宜团状造林及农林复合经营。

适宜栽培区域:华北地区,西北和东北南部地区。长江中下游地区可引种试栽。

(二)窄冠白杨 3 号 是由山东省农业大学庞金宣教授等人采用杂交育种技术所选育出的优良无性系。1990 年 9 月通过山东省林业厅组织的鉴定,1991 年获山东省科技进步二等奖,1992 年获国家发明三等奖。被林业部列为重点推广品种。

窄冠白杨 3 号是由响叶杨×毛白杨杂交组合中选出。雄株。树干通直、挺拔,树皮灰绿或灰褐色,光滑无裂纹。树冠尖塔形,分枝角为 30°~35°。树冠窄,在平均胸径 22.7 厘米、平均树高 21.1 米时,树冠直径只有 2.6 米,是同龄易县雌株冠幅直径 6.5 米的 40%。是农田林网、农林间作、公路及城市绿化的理想树种。适宜团状造林及农林复合经营。适宜地区同窄冠白杨 1 号。

(三)窄冠白杨 6 号 是由山东农业大学庞金宣教授等人采用杂交育种技术所选育出的优良无性系。1990 年 9 月通过山东省林业厅组织的鉴定,1991 年获山东省科技进步二等奖,1992 年获国家发明三等奖。被林业部列为推广品种。

窄冠白杨 6 号由毛新杨×响叶杨杂交组合中选出。雌株。树干通直,树皮灰绿色,光滑无裂纹。树冠尖塔形,侧枝较细,分布均匀,不易形成竞争枝。冠幅介于窄冠白杨 1 号和窄冠白杨 3 号之间。深根性,耕作层以上无根系分布。苗期生长较慢,易出现缺铁性黄化症。生长量在 5 个窄冠系号中占第四位,是易县雌株生长量的 92.4%。是林粮间作的适宜品种。

适宜栽培区域同窄冠白杨 1 号。适宜团状造林及杨农复合经营。

(四)1414 毛白杨　属雌株。树干直,树皮灰绿色、光滑无裂纹。分枝角度大,一般在 70°～90°,但侧枝较细。生长较快,11 年生时,树高 19.8 米,胸径 20.5 厘米,在测试林 15 个系号中,材积生长量排列第三,比对照品种易县毛白杨雌株大 143.7%。是农田林网、林粮间作的适宜品种。适宜团状造林及杨农复合经营。

适宜栽培区域:华北地区,黄淮流域,西北、东北较温暖地区。

(五)新疆杨　是一个杨树天然品种。原产于中亚细亚山地中三带下部,前山带和前山平原,西亚、巴尔干、欧洲南部、前苏联和中东一带,我国西北华北北部均有栽培,以新疆为最多。

新疆杨为雄株。树冠圆柱或尖塔形,侧枝角度小,向上伸展,紧贴树干。树冠窄,树皮灰绿色或灰白色,光滑,基部浅裂。新疆杨有 4 个天然类型,以青皮类型和白皮类型的生长量和材质最好;弯曲型和疙瘩型的干形差,影响材质。①青皮类型:树皮青白色,皮孔纵向较大,侧枝与主干夹角在 15°左右,10～15 年生树的胸径为 19～25 厘米,树高 19～25 米,单株材积 0.25～0.55 米^3。②白皮类型:皮色灰白,皮孔小,侧枝角度小,10 年生树冠直径达 1～1.5 米。10～15 年生树的胸径为 16～25 厘米,树高为 17～25 米,单株材积 0.25～0.45 米^3。

适宜栽培区域:西北地区的新疆、青海、甘肃、宁夏、内蒙古和陕西,山西的部分地区,河北西北部等地。

(六)转基因 741 杨　亦称抗虫 741 杨。是河北农业大学郑均宝教授和中国科学院微生物研究所田颖川研究员等人培育的转双抗虫基因的 741 毛白杨新无性系,包括对毛白杨鳞翅目害虫具有高抗性的 3 个无性系和具有中抗性的 2 个无性系。均为不飞絮的败育雌株。741 杨的亲本组合是:[银白杨×(山杨＋小叶杨)]×毛白杨。已于 2000 年通过鉴定。2001 年国家林业局林业生物基因工程安全委员会批准进行环境采用,可以在生产中推广。

转基因 741 杨,树干挺拔通直,生长快,材质好。在河北易县试验林,25 年生树平均胸径 43.9 厘米,平均树高 29.2 米,比同年生易县毛白杨平均胸径 33.4 厘米增加 10.5 厘米。嫩枝扦插繁殖成活率可达 90% 以上。

抗鳞翅目害虫,抗美国白蛾、杨扇舟蛾和舞毒蛾等。高抗无性系号为 3 号、11 号、29 号,试虫死亡率为 83%～100%;中抗无性系为 1 号、12 号,试虫死亡率为 40%～70%;未转基因的 741 杨(对照)试虫死亡率 1.7%～5%。

适宜栽培区域:山东省、河南省、河北省长城以南及坝下地区、陕西省中部、山西省南部、安徽省北部、淮北平原、江苏省中北部、辽宁省南部,甘肃省天水、兰州市以东等地。转基因 741 杨抗寒性、抗旱性比毛白杨强,种植范围还可以再扩大。

三、派间杂交种优良品种

(一)窄冠黑白杨　是山东农业大学庞金宣教授等人通过杂交选育的优良无性系。其母本为 I-69 杨(南方型美洲黑杨),父本是窄冠白杨 4 号,为黑杨派与白杨派的派间杂种。树冠极窄,不足一般杨树的 1/3。生长速度与窄冠白杨 3 号相似,但其树冠更窄,树干更圆满。树形为柱形,树皮灰绿色或灰白色,光滑无裂纹。深根性,耕作层以上无根系分布。材质好,木材基本密度为 0.36～0.39 克/厘米^3,木材纤维长度为 1 毫米左右,长宽比值在 40 以上,制浆得率在 85% 以上,白度为 75.8%～77.2%。其木材是良好的造纸和胶合板原料。雌株,但开花很少,不污染环境。

该品种 2002 年通过鉴定。2003 年国家科技部将其列入重点推广计划。2004 年获山东省科技进步一等奖。适宜在华北中南部地区等地栽培,经区域试验后,逐步扩大种植范围。

(二)窄冠黑青杨　是由山东农业大学庞金宣教授等人采用杂交育种技术,所选育出的杨树优良品种。有 6 号、31 号和 70 号 3 个品种。它们是黑杨派与青杨派的派间杂交种,亲本是山海关杨×(美洲黑杨的北方品系)×塔形小叶杨。特点是:①树冠窄。其冠幅是一般杨树的 1/2 左右。②较耐盐碱。在土壤含盐量为 0.16%～0.35% 的内陆盐碱农田可以正常生长。③生长快。在一般条件下,10 年生胸径可达 30 厘米。④材质好。7 年生树木材基本密度为 0.329～0.382 克/厘米^3,木材纤维长度为 1 015～1 041 微米,宽度为 19.7～20.1 微米。⑤容易扦插繁殖。1998 年获得山东省科技进步二等奖。

适宜栽培区域:华北地区,西北、东北较温暖地区。

(三)银中杨　是黑龙江省防护林研究所以银白杨为母本,中东杨为父本杂交选育。是白杨派与黑杨派进行远缘杂交培育出来的杨树优良品种。具有生长迅速,抗逆性强,树干通直、挺拔,树形美观,不飞絮等优良特性。在适宜区比小黑杨材积生长量提高 30%。在北纬 48°17′、东经 126°31′,年平均气温 0.6℃,极端最低气温 -41℃,无霜期 110 天左右的条件下能正常生长。在含盐量 0.4% 的土壤中生长正常。无性繁殖成活率 50% 左右,用生根粉、萘乙酸处理,成活率可达 90% 左右。材质同毛白杨,优于欧美杨,适用于民用建筑、造纸、人造板等。也是城市绿化的好树种。

适宜栽培区域:东北地区、西北地区和华北北部地区等。

第三章 杨树采穗圃

第一节 超级苗的选择

一、为什么要用超级苗建立杨树采穗圃

采穗圃是繁殖过程中保持杨树优良性状、防止劣变的一项关键性措施，是培育良种壮苗的基础性工作，也是衡量苗木生产的一项质量标准。但是目前苗木生产中很少利用采穗圃来繁殖杨树苗，生产中习惯采用的方法是造林季节卖大苗，即在苗圃地中择优起苗出售，留下的不合格小苗，剪取地上部分作为种条或接穗，进行扦插或嫁接繁殖；第二年生产的苗木仍采取择大留小的办法，卖掉大苗，留下不合格小苗作第三年的种条（接穗）繁殖。这样年复一年，长期用劣质苗进行繁育，对良种的优良性状很难保持下去，是造成品种退化的根本原因之一。多数国营苗圃曾经建立过采穗圃，但利用率很低，没有长期地坚持下去。在黑杨派苗木繁育过程中，建立采穗圃的就更少，这对培育良种壮苗、保持林木良种的可持续发展会带来严重后果。这种恶性循环的繁育方法，必须下决心纠正，使采穗圃建设走向规范化、制度化、标准化的轨道。

二、超级苗的选择方法

利用超级苗建立采穗圃是长期保持良种优良特性的基础和关键，是培育良种壮苗的前提条件。如果用一般苗木或用劣质苗建

立采穗圃,就失去了采穗圃的意义。目前,生产上应用的繁殖材料多数是用生长较慢的劣质种条和大树上采集的接穗,这与用超级苗繁育的苗木会有明显的差异。因此,把选择超级苗、用超级苗作为繁殖材料,应当成为当前育苗的重要手段。

超级苗选择方法:①指标。高生长超过一般苗木平均生长量的 25% 以上,粗生长超过 20% 以上,苗干直、病虫害轻等特点。②方法。在同样管理条件的苗圃地中选择明显高于其他苗木的单株,进行逐棵调查,标上标记,作为待选超级苗单株。然后按照抽样调查的方法,调查苗木高生长或粗生长,最后计算出苗木的生长量。③选择。在调查数据的基础上,进行统计分析比较,比平均生长量有显著性差异的为超级苗。④利用已选定的超级苗作为种条或接穗繁育苗木,建立采穗圃。

第二节　固定型采穗圃

固定型采穗圃,是长期为良种苗木培育、提供种条或接穗、长期培育良种苗木的圃地。根据苗木繁育面积,确定采穗圃的规模大小。白杨派固定采穗圃一般可连续采接穗 10 年。10 年以后,树桩老化,修剪难度增大,产穗量降低,穗条质量下降,应及时进行更新。黑杨派及黑×青派间杂种采穗圃一般连续采穗期为 6~8 年,8 年以后根系老化,树桩部位上移,分枝过多,种条生长倾斜,高度降低,易造成种条质量下降,应及时进行更新。

一、圃地选择

采穗圃应建在土层深厚,土壤肥沃,灌溉条件较好的壤土、轻壤土和沙壤土地块上。黏土地也可定植,缺点是定植第一年生长量偏小。土壤贫瘠的沙地、盐碱地不宜建圃。

二、建圃规模与定植密度

（一）建圃规模的确定 采穗圃的建设规模根据常年育苗的面积确定。一般建 667 米² 白杨派采穗圃可生产接穗 6 000 余根,可嫁接毛白杨 6 万株左右。每 667 米² 黑杨派采穗圃,可生产种条 3 000～4 000 根,可提供插穗 3 万～4 万根。按每 667 米² 育苗 3 000 株,建 667 米² 采穗圃的种条可繁殖 0.67～0.87 公顷。根据育苗规模大小,确定采穗圃面积。

（二）采穗圃定植密度

1. **白杨派采穗圃** 一般定植株行距为 1.2 米×1.5 米,每 667 米² 定植密度为 370 株。以前建立的采穗圃采用 1 米×1 米、1 米×1.2 米的株行距,生长 3 年以后,圃内郁闭,接穗质量下降,不便于生产管理。

2. **黑杨派采穗圃** 过去很少有人建黑杨派采穗圃,笔者做过小面积试验。定植株行距应以 1 米×1.3 米或 1.2 米×1.5 米为宜。植树密度为每 667 米² 512 株和 370 株。

三、整形修剪

（一）白杨派采穗圃的整形修剪 白杨派采穗圃的定植苗,要用选择超级苗进行嫁接繁殖后的 1 年生苗定植。当苗高长到 70～80 厘米时,剪留 50 厘米定干,促发分枝。当分枝长到 50 厘米时,选择 3 个方位较好的粗壮分枝作为主枝,剪留 30 厘米,主枝呈三角形配置,方位角均为 120°左右,其他分枝剪除。主干剪截后,剪口下易长出较壮的直立枝,应及时疏除,1 年成型。白杨派固定型采穗圃第一年整形修剪见图 3-1。

第二年修剪见图 3-2。可在秋季落叶后至春发芽前进行。主要修剪要点是:①疏除三主枝之外多余的枝条。②每个主枝上第一年长出的枝条,剪留 15～20 厘米。待分枝长到 10 厘米

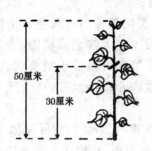

图 3-1　白杨派固定型采穗圃第一年整形修剪

左右时,选留 3～4 个壮枝,其他萌发的嫩枝全部抹芽。③当选留的 3～4 个分枝长到 30 厘米左右时,留 10 厘米剪截,其他枝条缓放生长。

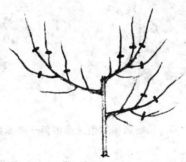

图 3-2　白杨派固定型采穗圃第二年修剪

第三年以后修剪的要点是:①控制枝量,留足壮枝。在 3 个主枝上,每一个主枝上应控制枝数 8～10 个,疏除细弱枝、下垂枝和生长过旺枝,保留健壮的中庸枝。②注意更新修剪。在主枝上着生的若干枝组,因多年生长,易出现老化,生长的枝条矮小细弱,应及时进行更新修剪。应从基部留短橛(1～2 厘米)重剪,促使短橛上隐芽萌发新枝,按上述方法重新培养枝组。这样,经多次的更新复壮修剪,可延长采穗圃的生长寿命。

(二)黑杨派采穗圃的整形修剪 黑杨派各品种育苗多用扦插繁殖,不需要嫁接。因此,黑杨派很少有人建立采穗圃,生产上很少推广应用。笔者对建立黑杨派采穗圃做过小规模试验,取得了较好效果。现将有关技术及做法介绍给读者,在生产中参考应用。

第一年修剪见图3-3。定植苗长到30厘米高时,剪留15厘米定矮干促发分枝,当分枝长到30厘米左右时,选留3个生长均匀的壮枝作为种条培养,其他分枝从基部疏除。秋季落叶后,每株可生产3根种条,提供插穗30根左右,每667米² 采穗圃可生产插穗15 000根,可育苗3 335米²。

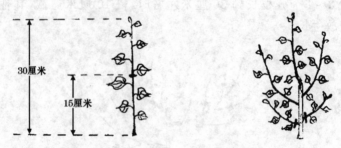

图3-3 黑杨派固定型采穗圃第一年修剪

第二年修剪见图3-4。在上年选留的3个壮条的基础上,从基部剪留10厘米。当剪留的短楸上长出分枝达30厘米高时,选留3个生长均匀的分枝培养种条,剪除多余的过旺枝和细弱枝。秋季落叶后,每株可生产9根种条,提供插穗70根,每667米² 可生产出插穗35 700根,可育苗6 670米² 左右。

第三年以后修剪,每株选留3个着生种条的母枝,要求粗细相近、方位均匀(120°左右)、生长健壮。其他母枝从基部疏除。以后每年的修剪,长期选留3个母枝,每个母枝上着生2～3个较壮的

图 3-4 黑杨派固定型采穗圃第二年修剪

枝条,生长均匀、分布合理,多余的过旺枝、细弱枝应及时疏除。在正常的修剪、管理条件下,采穗圃可持续 6～8 年。8 年以后,树桩老化,生长枝条细弱,质量下降,需进行更新。

四、肥水管理

采穗圃定植后,要及时浇第一水,间隔 5～7 天浇第二水,促进发芽成活。待新梢长至 5～10 厘米时,及时浇第三水,保证新植苗木的生长。进入 5 月份后,视天气情况在 5 月上中旬浇第四水。6 月中下旬浇第五水,并进行第一次追肥,每 667 米^2 追施尿素 30 千克左右。7 月下旬已进入雨季,如雨量大的年份可不浇水,可结合降雨追施氮、磷、钾复合肥 40 千克左右。9～10 月份,视天气情况,干旱时浇第六水。12 月份,苗木落叶后,浇第七水(越冬水)。

五、其他管理

在生长季节,要及时喷药,防治病虫害,及时除杂草,保持圃地清洁。

第三节　移动型采穗圃

移动型采穗圃建在笔者创建的魏县新世纪林果花卉良种实验场。是从长期育苗实践中总结出来的创新型采穗圃。它把长期培育优良接穗和种条与培育良种壮苗紧密结合起来,既培育接穗(种条)又培育良种壮苗,收到良好效果。

白杨派永久型采穗圃和黑杨派永久性采穗圃都可以用移动型采穗圃代替。所谓移动型采穗圃,就是在超级苗选择的基础上,利用超级苗的种条或接穗进行扦插或嫁接繁殖,育苗密度按培育大苗(胸径 3～6 厘米)的标准建立圃地,对苗圃地中的每株苗木采取打头修剪等措施培育出生长健壮的种条(接穗),这样可以在培育的商品苗木上连续采集种条或接穗 2～3 年,然后出售大规格苗木。再用同样的方法建立新的采穗圃,使采穗圃保持轮流移动状态。

一、白杨派移动型采穗圃

(一)定植密度　白杨派移动型采穗圃要比正常育苗稀得多,一般株行距为 0.7 米×1 米,每 667 米² 定植株数为 952 株,相当于正常育苗的 30% 左右。由于育苗的株、行距较大,苗木生长较快,为苗木的分生枝留出一定空间,创造通风透光的条件,有利于生长健壮的穗条。

(二)修剪　移动型采穗圃主要靠修剪措施增加分枝量,达到多产嫁接穗条的目的。具体措施:①截干(摘梢)。在 6 月中下旬前后,当苗高长到 1.5 米左右时,剪留 1.2 米,促发第一层分枝。②二次摘梢。待剪口下第一芽枝长到 1.2 米时,剪留 80 厘米,促发第二层分枝。剪口下第二芽枝易形成竞争枝,应从基部疏除。第二次摘梢后,剪口下第一芽枝仍保留主干生长,第二芽枝及时疏除。经过两次摘梢和两次促发分枝,完成当年修剪,每株可提供嫁接穗条5～6根,可嫁接毛白杨30株左右,每667米²生产的接穗可嫁接毛白杨27 000株左右。白杨派移动型采穗圃第一年修剪见图3-5。

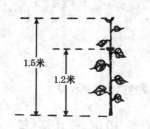

图 3-5　白杨派移动型采穗圃第一年修剪

第二年修剪见图3-6。主要修剪要点是:①春季发芽前对苗木1.2米以下着生的分枝,全部从基部剪除。②第二层着生的分枝,细弱枝从基部疏除,较壮的分枝基部留1～2个芽剪截,促发分枝。③对主干剪截。剪截高度为2.5米左右,促发第二层分枝。当第二层分枝长到20厘米左右时,剪口下第一芽枝仍作主干延长生长,第二芽枝易形成竞争枝,应及时剪除。选留5～6个壮枝,其他分枝从基部剪除。待秋季落叶后,每株可生产7～8个较壮的嫁接穗条,可嫁接毛白杨50株,每667米²生产的接穗可嫁接毛白杨45 000株左右。

第三年修剪的要点是:①在春季发芽前从基部剪除苗干高1.7米以下的所有分枝,使分枝对苗干造成的伤口早日得到恢复;培养成光滑、圆满、无伤疤的通直树干,为大苗出圃打好基础。②树冠修剪。对苗木主干不再剪截,只疏除冠内的竞争枝、细弱枝,保留中庸枝。待秋后或翌年苗木出圃时,疏剪冠内的健壮枝条用于嫁接。每株冠内可疏间10根枝条以上,每株可嫁接毛白杨60株,每667米²可嫁接毛白杨54 000株左右。第三年可出圃

图 3-6 白杨派移动型采穗圃第二年修剪

4～5 厘米的大苗 900 株左右。按现价 10 元/株计算,每 667 米²效益 9 000 元,平均每年苗木收入达 3 000 元。

其他管理技术同固定型采穗圃。

二、黑杨派移动型采穗圃

(一)定植密度 黑杨派移动型采穗圃一般定植株行距为 0.6 米×1 米。定植密度为每 667 米²1 100 株,是正常育苗密度的 30%左右。

(二)修剪 黑杨派移动型采穗圃的修剪,不同于白杨派。当定植的苗木长到 30 厘米高时进行摘心,剪留 15 厘米,促发分枝。一般剪口下可萌发 3～5 个分枝,选留方位角较好的 3 个分枝,去掉多余的竞争枝或细弱枝。待秋后,每株可生产 3 根健壮的种条,可提供插穗 30 根左右,每 667 米² 可生产插穗 33 000 根左右(图 3-7)。

第二年修剪见图 3-8。在上年修剪的 3 个着生母枝上,分别剪留 10 厘米,促发分枝,每一母枝上选留 2 个均匀生长的新生分枝按种条培养,剪除多余的竞争枝和细弱枝。秋后,每株可生产 5 根(保留 1 根主干延长枝)健壮的种条,可提供插穗 50 根,每 667 米²可生产插穗 55 000 根左右。

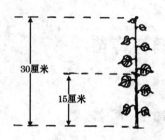

图 3-7 黑杨派移动型采穗圃第一年修剪

第三年不再培养种条,只保留苗干的延长枝,其他枝条从基部剪除。剪口下萌生的嫩芽及时抹除,达到修枝养干,培育商品苗的目的(图 3-9)。秋季落叶后,苗木胸径可达到 4 厘米左右。可出圃 1 000 株,每株按现价 6 元计算,每 667 米² 可收入 4 000 元,平均每年苗木收入 2 000 元左右。

图 3-8 黑杨派移动型采穗圃
第二年修剪

图 3-9 黑杨派移动型采穗圃
第三年疏枝、养干培育商品苗

其他技术管理与黑杨派固定采穗圃相同。

第四章　杨树育苗

第一节　插条育苗

插条育苗是黑杨派、青杨派和黑青杨派间杂交种等各品种常用的育苗方法。如中林-46杨、欧美107杨、欧美108杨、2025杨、窄冠黑杨、丹红杨、北京杨、泰青杨、窄冠黑青杨等,均采用插条繁殖法。

一、常规插条育苗

常规插条育苗是目前苗木生产常用的育苗方法。

（一）扦插种条选择　选择优质扦插种条是培育壮苗的基础,必须严把种条质量关。最好是用超级苗建立的采穗圃中采集插条。未建采穗圃的生产单位和个体育苗户,可在1年生苗圃地中选择生长健壮的苗木作为种条。杜绝大苗卖钱,剩下的小苗平茬当种条用的极不科学的做法。新的育苗单位和育苗户购买种条时,也要选苗高在3米以上、地径2厘米以上的1年生苗木作种条,严禁高在2米以下的劣质苗作种条使用。

（二）整地、施基肥　育苗地要全面整地,深耕30厘米以上。结合深耕施入作基肥。每667米^{2}施粗肥2 000～3 000千克,或施饼肥200～300千克;同时,施氮、磷、钾复合肥50千克。深耕耙平后打畦,根据当地灌溉条件和每畦行数确定畦田宽度。畦宽一般为1.5～2米。

（三）扦插

1. 扦插时间　扦插育苗多在春季,在初春土壤解冻后至苗木发芽前进行。北方地区一般在 3 月中旬至 4 月中旬。

2. **剪截插穗**　剪截插穗时,要分段剪截。即种条的下段(1 米长)、中段(1～2 米处)和梢段(2 米以上部分),种条顶梢部分木质化程度较差,应剪去 50 厘米左右,不能作插穗用。插穗长度一般为 15 厘米;插穗过长,扦插困难,过短,插穗不耐旱,成活率低,前期生长慢。新引进的品种,以培育种条为主的,插穗可截成 10 厘米左右,增加繁育数量,加强肥水管理,也能达到理想的成活率和生长量。

3. **扦插密度**　常规育苗扦插密度一般为每 667 米² 3 000 株左右,株行距配置有两种方法:①等行距配置。一般为 30 厘米×70 厘米、40 厘米×60 厘米,即株距 30 厘米、行距 70 厘米或株距 40 厘米、行距 60 厘米。扦插密度分别为每 667 米² 3 175 株和 2 778 株。②大小行配置。一般株行距为(40 厘米×40 厘米)×70 厘米、(40 厘米×40 厘米)×80 厘米,即株距 40 厘米,小行距 40 厘米,大行距 70 厘米或 80 厘米。每 667 米² 扦插密度分别为 3 030 株和 2 778 株。

4. **扦插方法**　扦插育苗分直插法和斜插法两种。实践证明,斜插根系分布(图 4-1)不均、苗木生长不均匀,起苗时易出现拐子根。目前,扦插育苗一般采取直插法。直插法苗根系分布(图 4-2)均匀,生长一致,发根量较大,有利于苗木的前期生长。扦插深度要一致,插穗上端与地面平,待浇水后,插穗上端第一个芽露出地面为宜。剪截的插穗要按下段、中段和梢段分别扦插,不要混插,这样苗木生长均匀,避免因发芽早晚不同而造成大苗压小苗的现象。

(四)浇水、追肥　扦插完成后要及时浇水。育苗面积较大的苗圃,要边扦插边浇水。间隔 7～10 天浇第二水。插穗芽萌动展叶期浇第三水。前三水是促进和提高苗木成活的关键水。5 月上中旬浇第四水,促进幼苗的根系发育和地上部分苗茎的生长。6

图 4-1 斜插法根系分布　　**图 4-2 直插法根系分布**

月上中旬浇第五水,结合浇水进行第一次追肥,每 667 米^2 追施尿素 20 千克左右。使苗木安全度过高温干旱期。7 月上旬浇第六水,并给苗木第二次追肥,每 667 米^2 追施尿素 25 千克左右,促进苗木提前进入速生期。7 月底、8 月初,北方地区是雨季,一般年份不用浇水,可结合降雨追肥。每 667 米^2 追施尿素 25 千克左右,或追施氮、磷、钾复合肥 25 千克,保证苗木在速生期的快速生长。8 月份以后,不宜再给苗木追肥,后期追肥会造成苗木贪清旺长,木质化程度降低,苗木的抗旱、抗寒能力下降,影响造林成活率。9 月中旬以后,苗木高生长停止,茎生长和根系生长加快,如天气干旱,应浇第七水,确保苗木的后期生长,提高木质化程度。11 月下旬,苗木落叶后,浇第八水即越冬水,保持圃地苗木本身的含水量,防止因缺水造成的冻害和降低造林成活率。

(五)苗期管理

1. **病虫害防治**　黑杨派、青杨派苗期主要病害有黑斑病和褐斑病。主要危害叶片,在北方地区 5～8 月份发病较重,会造成早期落叶,影响苗木生长。防治方法:用代森锰锌、甲基硫菌灵、多菌灵或 1:1:200 倍的波尔多液防治。主要害虫有杨白潜叶蛾、杨天社蛾(杨扇舟蛾)，主要为害期为6～9月份。防治方法：可用高效氯氰菊酯、灭幼脲3号、甲氨基阿维菌素苯甲酸盐等喷雾防治。

2. **中耕除草**　苗木生长前期，杂草较多，生长旺盛，应及时中耕除草。5～6月份，至少进行2次中耕，把锄掉的杂草拾出圃地。也可用除草剂灭草。可选用除草醚、扑草净、精喹禾灵等喷雾防治。当苗木长到80厘米以上时，基本覆盖地面，杂草造不成灾害，不必除草。

3. **整枝打杈**　在苗木生长期，是培养通直苗干，提高有效生长量的关键措施。在苗木生长初期，当苗高长至10～15厘米时，选留1个直立健壮的新梢，及时除去多余的分蘖。进入苗木速生期后(7～8月份)，苗干上着生的叶腋芽易萌生出新枝，应在新萌生枝未形成木质化之前及时抹除，减少苗木的无效生长。在生长季节，至少要进行3～4次整枝、打杈，保证苗木正常生长。

总之，扦插育苗，按照上述技术规程操作，可使1年生苗高生长量达到3.5米左右，茎生长(1米高处直径)可达到2厘米以上，一级苗率可达到85%左右，二级苗率占10%左右，等外苗(不能用于造林苗)在5%以内；可实现良种、壮苗的目标。

二、地膜覆盖育苗

地膜覆盖育苗是一种快速培育杨树优质壮苗、大苗的新的育苗方法。实现当年育苗，当年出圃。苗高可达4米以上，胸径为2.5～3厘米。

主要技术要点：

(一)扦插密度　地膜覆盖育苗，比常规育苗稀得多。一般株距为50厘米，小行距60厘米，大行距为80厘米，为宽窄行配置。每667米² 育苗1 905株，出圃合格苗1 500株以上。

(二)高垄做畦　地膜覆盖育苗需要高垄栽培。把整好耙平的育苗地,修成一高埂、一低沟的形式。高埂即育苗埂,每一高埂上育苗 2 行,根据育苗行距确定埂宽。一低沟即为灌溉沟,宽度仍以行距来确定。如高埂育苗行距为 60 厘米,修埂上口宽度为 80 厘米,插穗外需留足 10 厘米,保证高垄苗外侧根系的生长。灌溉沟上口宽为 60 厘米,沟深(埂高)20 厘米(图 4-3)。

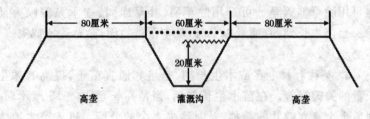

图 4-3　高垄做畦示意图

(三)覆盖地膜　应选择厚 0.03 毫米、宽 1 米的覆盖地膜。在扦插育苗前浇水,3～5 天后在育苗埂上覆盖地膜。在埂两侧各下延 10 厘米,地膜边缘用土压实,防止刮风或浇水冲开地膜透进空气、降低地温。地膜覆盖完成后,及时穿膜扦插。在插穗发芽期要及时在芽上方用手指抠破地膜,使苗芽伸出膜外生长。

(四)苗期管理　苗期管理与常规育苗相同,可参考常规育苗的苗期管理。

第二节　嫁接苗的培育

白杨派品种及白杨派的杂交品种的插条难生根,目前生产上主要还是采用嫁接方法育苗。例如,毛白杨、新疆杨、三倍体毛白杨、窄冠白杨、窄冠黑白杨、1319、1211、1414 等品种,主要采用嫁接育苗。

一、砧木苗的培育

（一）**砧木品种选择**　嫁接白杨派品种所用的砧木,多为小美杨类品种,如大官杨、泰青杨、北京杨等。其中,大官杨、泰青杨(八里庄杨)有抗旱、抗寒、耐瘠薄、生根快、发根量大等优点,是嫁接毛白杨等白杨派品种的理想砧木。近几年笔者用黑杨派苗茎作砧木进行嫁接试验,取得成功。先后试验品种有中林-46杨、欧美107杨、2025杨、沙兰杨等,大田育苗成活率均在85％以上,接近小美杨类作砧木的成活率。苗高、茎生长量明显大于小美杨类的嫁接苗。在水利条件较好的地区可以推广应用。

（二）**砧木苗扦插密度与砧木标准**　砧木苗的育苗密度比培育商品苗木密度大。一般株行距为 0.3 米×0.5 米,每 667 米^2 扦插4 440 株。超过 5 000 株时,苗木生长细弱,木质化程度差;少于4 000 株时,苗木长得太粗,嫁接时费工、劈接口夹力大,易夹伤接穗,影响成活率。砧木以粗度1.5～1.8厘米为宜。

（三）**砧木苗管理**　砧木苗生长期管理与其他苗木管理相同。整枝打杈是砧木苗管理的重点,特别是大官杨和泰青杨,在速生期每一个叶腋芽都能萌发成新枝。因此,每隔 1 周抹芽 1 次,要连续进行 4～5 次抹芽,抹芽高度达到 2 米时,不再抹芽,使上部形成小树冠,加快粗生长。

二、一条鞭芽接

一条鞭芽接是在生长季节后期,在砧木苗上连串嫁接的一种方法。

（一）**芽接时间**　小美杨及其杂交种作砧木时(泰青杨、大官杨)可在 8 月中下旬进行。用黑杨派作砧木时,可在 8 月下旬或 9月上旬进行。因黑杨派比小美杨类粗生长快,皮层较厚,嫁接过早,接芽易被裹在皮层中闷死。

（二）芽接方法　一般采用"T"形芽接法和板块芽接法。

1."T"形芽接法　"T"形芽接法,是取接穗上叶腋芽嫁接在砧木上的方法。具体方法是:

（1）取芽　在芽上方 0.5 厘米处横切一刀,深达木质部,再用刀在左右两侧向下竖斜切,在芽正下方 0.5 厘米处交会。然后用拇指指甲轻扣芽左上方,拇指与食指捏紧芽及叶柄处,向右下方轻轻用力,即可取下芽片。在取芽前,先剪去叶片,留叶柄 0.5 厘米长。

（2）嫁接　接芽取下后含入口中,防止芽片失水,然后在砧木上先切一横刀,在横切口中间向下竖切一刀。用芽接刀轻轻撬开皮层,将接芽插入接口,轻轻下推,芽片上端与砧木上横切口吻合即可。接第一芽距地面 5～7 厘米高,以后每间隔 15～18 厘米接一芽,每株砧木苗可接 10～12 个芽。

（3）绑缚　绑缚绳以塑料膜剪成长条使用最好。绑缚最好用剪成的塑料膜条:长 30 厘米、宽 1.2 厘米、厚 0.04～0.06 毫米。绑缚 5 圈,即接芽上方 2 圈,接芽下方 3 圈,从上至下绑紧,芽和叶柄露出塑料条外。

（4）解绑绳　芽接后 10～15 天,可解绑绳。用刀在接芽的背面把绑绳切断。

2.板块芽接法（贴接法）　板块芽接法是在生产实践中总结出来的一种新的嫁接方法。主要优点是,取芽片的大小与砧木上取下的皮层一致,直接紧贴于砧木,减少了"T"形芽接向下推芽时的磨搓,保护形成层不受破坏,成活率明显高于"T"形芽接。

（1）取芽　用自制的芽接刀取芽。购买单面刀片,每一刀片截成 3 段,刀面宽 1.5 厘米左右。然后制作长 8 厘米、宽厚各 1.5 厘米的小木块,把截好的刀片绑在相对的两个面上,即制成芽接刀。使用时,先在接穗的芽上、下方横切一刀,再用刀片从两横切口的左右两侧各竖切一刀,连通上下两横切口,用拇指指甲揭开皮层,向右侧用力,取下芽片。

（2）嫁接　芽片取下后,含入口中,用同样的双面芽接刀在砧木上横切两刀,然后用刀片从左侧竖切一刀,接连上、下横切口,从左侧用拇指指甲揭开皮层,向右侧用力,及时将芽片贴入。根据芽片宽度,从右侧撕掉砧木上切割的皮层。

（3）绑缚　贴入的芽片不留叶柄,及时用塑料条绑缚,绑缚3～4圈,勒紧、绑严、全封闭即可。

（4）解绑绳　嫁接10天后,即可解除绑绳,解绳时,用小刀在嫁接芽背面割断绑绳即可。

三、炮捻嫁接

炮捻嫁接是生产上常用的一种嫁接方法,用小美杨及其杂种或用黑杨品种作砧木;用生产上要繁育的白杨派品种的枝条作接穗采用劈接法嫁接,因嫁接株形似鞭炮,故称炮捻嫁接。嫁接时间一般在冬季进行,如育苗面积较小,也可在春季随嫁接、随育苗。

（一）砧木选择　嫁接白杨派的砧木很多,小美杨类(包括杂交种)黑杨派等品种均可用于嫁接毛白杨的砧木。根据当地所用砧木的习惯和苗木资源选择品种。不管选用的是哪一品种,都需要选择苗木生长健壮、无病虫害、胸径在1.5～1.8厘米的苗木作为砧木。

（二）接穗选择　接穗选择是提高嫁接成活率,培育良种壮苗的基础。最好是建立采穗园,从采穗园中采接穗。未来得及建立采穗圃的,要从健壮的植株上采接穗。接穗采集后,嫁接前修剪接穗,剪去基部的不饱满芽,剪掉上端木质化程度较差的部分,留中间的饱满芽作接穗用,接穗的粗度一般在0.4～0.7厘米为宜。

（三）嫁接技术

1. 削接穗　接穗长度要求剪截7～10厘米,保持2～3个芽。接穗紧缺时也可搞单芽嫁接。削接穗时,一侧稍宽,一侧稍窄,削面要平,接穗下端保留1.5毫米左右的厚度,不要削成刀刃状。削面长度在2厘米左右。

2. **劈接**　首先把砧木剪截成 15 厘米左右的砧木段。在砧木上端用刀在接口处削一刀,去掉毛茬,然后用刀将砧木从中间劈开缝,将削好的接穗厚面靠外插入砧木。插入深度 1.5 厘米左右。把砧木与接穗的形成层对准,使外接口接穗与砧木的形成层对准,紧密相接,不闪空隙。劈接技术可概括为 27 字口诀,即"劈口齐、削面平、形成层对准形成层;上露白、下登空、砧穗夹紧定成功"。

3. **绑捆**　在嫁接的同时,要边嫁接边绑捆。一般每 50 根捆成一捆,捆紧、墩齐。

4. **越冬埋藏**

(1)挖埋藏沟　埋藏沟要选择在背阴处,防止翌春育苗地未整好,嫁接苗已发芽,影响成活。一般沟宽 1～1.5 米,长度根据嫁接数量的多少确定,沟深 60～70 厘米,可根据当地冻土层厚度确定挖坑深度,在冻土层下深挖 30 厘米。如冻土层为 20 厘米,沟深应挖 50 厘米,计算方法是:30 厘米＋冻土层厚度＝沟深。

(2)埋藏　在埋藏之前,把沟底整平,铺一层 1 厘米厚的黏土,使砧木下端与黏土紧密结合,防止砧木失水和病害感染。黏土层铺好后,泼水,保持黏土湿润。在摆放嫁接苗时,成捆成排摆放,不留空隙。每隔 1～1.5 米立放一草靶,待摆放完毕后,用细沙灌满捆与捆之间和接穗之间的空隙,埋至不露接穗时,再用沙壤土或壤土填埋。填埋厚度应根据当地冻土层厚度确定。待翌春 3 月份,气温升高,要注意观察埋藏苗发芽情况,埋藏沟土层解冻后,即可清理掉上层土,减少埋土厚度,降低沟内温度,防止嫁接苗提前发芽。

(3)注意事项　埋藏结束后,要边育苗边刨苗,在运往育苗地时要注意轻拿轻放,途中避免碰撞,否则接口愈合组织易受破坏,直接影响育苗成活率。

四、育　苗

嫁接苗的育苗时期,一般在春季土壤解冻后至发芽前进行。

具体操作规程如下：

（一）整地、施基肥　一条鞭芽接育苗和炮捻嫁接育苗都需要全面整地。用拖拉机深耕 30 厘米。深耕前，每 667 米^2 施粗肥 3 000～4 000 千克，或施饼肥 200～300 千克；施含氮、磷、钾复合肥 100 千克，把粗肥或饼肥及复合肥混匀后，均匀撒入地面，然后深耕耙平。

（二）一条鞭嫁接育苗

1. 剪截一条鞭　插苗之前，先将接好的一条鞭嫁接苗从苗圃地剪下，然后按接芽分段剪截，接芽上端剪留 0.5 厘米，待插苗用。

2. 育苗密度　一条鞭育苗株行距一般为 40 厘米×70 厘米，育苗密度为每 667 米^2 2 380 株，按成活率 80％计算，成活株数为 1 904 株，秋后可出圃合格苗（胸径 2 厘米、高 3 米以上）1 000 株左右。

3. 做畦插苗　按育苗行距计算畦田宽度。如每畦种植 2 行，畦宽为 1.4 米。如每畦种植 3 行，畦宽为 2.1 米。畦田整好后，按株距 0.4 米，行距 0.7 米插苗。插苗深度以嫁接芽露出地面为宜。切忌插得过深，接芽被土埋住时，难以拱出，影响成活。插得过浅时，插穗与土壤接触面小，插穗的生根量减少，幼苗耐旱能力减弱，也会降低成活率。

4. 浇水、追肥　浇水要与插苗同步进行。即边插苗、边浇水。当天浇完所插苗木。第一水浇后间隔 5～7 天浇第二水，接芽萌动或展叶时浇第三水。进入 5 月份，气温升高，易造成干旱，应浇好第四水。在麦收前浇第五水。结合浇水，给苗木追肥，每 667 米^2 追施尿素 20 千克。促进幼苗生长和根系发育。7 月上中旬，苗木已进入速生期，应大水漫灌，浇透第六水，并进行第二次追肥。每 667 米^2 追施尿素 30 千克。7 月下旬以后，华北地区已进入雨季，不必浇水。但在 8 月上旬可结合降雨第三次给苗木追肥,每 667 米² 追施硫酸钾复合肥 30 千克。8 月下旬至 9 月上旬,如天气干旱,可浇第七水,促进苗木后期粗生长和根系生长。苗木落叶后,浇第八水(越冬水),防止苗木根系受冻害。当然,这是根据华北中南部育苗确定的适时浇水次数,各地应根据当地气候条件、降水量大小具体确定浇水时期和浇水次数。

5. 培土封垄　培土封垄是一条鞭芽接苗一项关键管理措施。待芽接苗长到 30 厘米高时,进行第一次培土。从行中间起土,向两侧苗木基部培土,封垄高度为 10 厘米。培土的目的是促进芽接苗基部新茎生根,为速生期芽接苗的生长发育多生健壮根系。芽接苗长到 80 厘米高时,进行第二次封垄培土。封垄高度达到 25 厘米左右。为芽接苗着生的新根提供较厚而又疏松的土壤条件,促进苗木根系的生长。可为秋、冬季造林提供独立生长的白杨派苗木。图 4-4,图 4-5 为平插后培土与不培土苗木根系分布对比图。

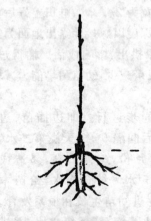
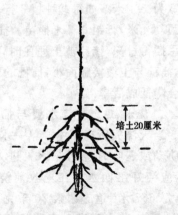

培土20厘米

图 4-4　平插后不培土苗木　　图 4-5　平插后培土成垄状苗木
　　　　根系分布　　　　　　　　　　　根系分布

6.其他管理　在苗木生长期的其他各项管理,如整枝打杈、中耕除草、防治病虫害等项管理要及时进行。具体方法与扦插育苗相同。可参阅本章第一节苗期管理。

(三)炮捻嫁接育苗

1.育苗密度　炮捻嫁接苗一般株距 30 厘米,行距 80 厘米,每 667 米² 育苗 2 778 株。按成活率 75％计算,每 667 米² 成活株数为 2 083 株。秋、冬季可出圃合格苗 1 000 株左右。剩余株数培育 2 年生苗木。

2.扦插技术　育苗地深耕耙好后,不必先打畦。以南北行向,量好行距宽度,用线绳作行标,沿线绳每隔 30 厘米插 1 株。主要技术要点是:

(1)插苗　在插苗前看好嫁接苗的劈接口,把劈接口顺入行中。如育苗为南北行向,嫁接苗劈口也为南北行向,这样可在培土过程中避免撞坏接穗,减少破坏接口已产生的愈合组织。

(2)培土封垄　插完一行就应及时培土封垄。用两行中间土培在嫁接苗的接穗上,培土厚度与接穗平,浇水后上端第一个芽正好露出。接穗露得过高,会直接影响接穗基部生根,也会造成成活率降低。待嫁接苗长到 1 米高左右时,进行第二次培土,促进新茎发根数量和根系的快速生长。

从图 4-6 可以看出白杨派炮捻嫁接苗的生根情况。先由砧木生根,吸收水分和养分供应嫁接苗生长。同时,在接穗的外接口和内接口生根。经过两次培土后,接穗上的根系生长加快,同时新长出的嫩茎上产生新根。7～8 月份嫁接苗进入速生期,嫁接苗自生根生长加快,砧木根系退化,并逐渐腐烂死亡,形成独立的白杨派苗木。如不给嫁接苗培土,自生根少,砧木根量大,起苗时仍以砧木根为主,不是一棵白杨派独苗木,造林后会缩短寿命。因此,封垄培土是培育良种壮苗的关键措施。图 4-7 是经过两次培土后培育的良种苗木。

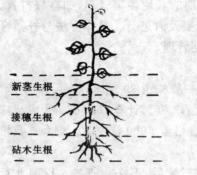

图 4-6 白杨派炮捻嫁接苗
生根规律

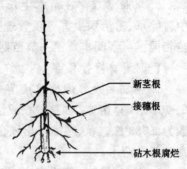

图 4-7 白杨派 1 年生炮捻
嫁接苗根系变化

（3）浇水 育苗后要采取连三水的灌溉方法，能有效提高成活率。具体方法：①随育苗及时浇第一水。浇水量掌握封垄高度的1/2。②间隔 5～6 天浇第二水。浇水量与封垄高度基本灌平。③再间隔 7～10 天浇第三水。浇水量同第二水。连三水的灌溉措施可明显提高成活率。以后根据干旱情况及时浇水。

3. 苗期管理 炮捻嫁接苗的苗期管理。主要是整枝打杈、中耕除草、防治病虫害等，具体实施办法参阅本章第一节苗期管理部分。

第三节 嫩枝扦插育苗

嫩枝扦插育苗，主要用于难生根的白杨派品种。白杨派新品种的繁殖，因受接穗的限制，繁殖速度较慢，嫩枝扦插是利用新品种在生长季节发出的半木质化嫩枝，直接扦插繁育，可加快白杨派新品种的繁殖速度。嫩枝扦插技术要求高，需购买必需的设备，投资比常规育苗大。因此，在生产上推广面积较小。但的确是加速繁育优良品种的好方法。现介绍两种嫩枝扦插育苗方法,供参考应用。

一、塑料拱棚嫩枝扦插育苗

拱棚中心至地面高度为 50 厘米,用钢筋或竹片做支架,每 30～40 厘米立一拱形支架,支架上铺塑料薄膜。棚内苗床宽 1.2 米、长 10 米,苗床四周做埂,防止雨水流入。床内铺 10～15 厘米厚经过暴晒的河沙。棚内安装塑料喷雾装置,或用人工喷水或喷雾。拱棚上需搭阴棚,棚高 2 米,用草苫、秸秆或用遮阳网遮阴降温,不但要保证上方遮阴,也要保证侧方遮阴。

(一)扦插和管理 用利刀削插穗,插穗带 2～3 片叶,去掉基部叶片,将下切口速蘸 500 毫克/升的萘乙酸或生根粉溶液浸 10～15 分钟,随蘸随插。插穗插入沙床 2～4 厘米深。扦插密度以枝叶不重叠为宜。5～8 月份均可扦插。

嫩枝插穗生根的最适温度是 20℃～28℃,棚内气温不得超过 30℃,地温宜保持 25℃,空气相对湿度在 80%～85%,土壤含水量在 10%左右。在 25℃～30℃条件下,11 天即可发根;温度在 20℃以下,20 天以后才发根。棚内温度过高,对生根有害,应通过遮荫、通风和喷水来降温。棚内的透光率为 30%。发根前,每天喷水 2 次。发根后,每隔 1 天喷水 1 次。每 10 天喷 1 次 800 倍的多菌灵液,或在扦插后第三天和第十天,各喷波尔多液(50 升水加生石灰 0.3 千克、硫酸铜 0.1～0.3 千克)1 次。

(二)炼苗和移栽 嫩枝插穗生根后,在棚内需经过一段时间的锻炼,才能移到棚外圃地。一般扦插 11 天后生根,当生根率达 90%以上,并出现二级根时,开始炼苗。扦插 18～20 天后,减少喷水次数,增加喷水量,降低棚内的空气相对湿度,增加土壤含水量。在第二十二天前后,对塑料棚开窄缝通风,在 28 天左右全部揭开薄膜,使幼苗在荫棚下锻炼,第 35～50 天后移栽。

用移植铲移栽。取苗时,苗根可带沙。操作时不要伤根。苗根要蘸泥浆,以减少失水。移栽前可适量去掉部分叶片,减少蒸腾耗水。选阴天或在下午 4 时后移栽并浇水。

二、全光照喷雾嫩枝扦插育苗

嫩枝插穗的木质化程度低,比木质化的硬枝细嫩,含有较多的内源生长素和较少的抑制物质,细胞分生能力强,比较容易生根。嫩枝带叶扦插,叶片可进行光合作用,制造碳水化合物和生长素,促进生根。生长季嫩枝扦插时气温高,有利于生根,生根快,成苗率高,育苗周期短,1 年能育苗 2～3 次。嫩枝插穗数量多,能满足需要。这是带叶嫩枝扦插的特点。但是嫩枝扦插对环境有比较高的要求,要有光照、高湿和排水条件,以防止插穗失水萎蔫和霉烂。

中国林业科学研究院林业研究所工厂化育苗研究开发中心许传森研究员,所研制的全光照自动喷雾扦插育苗装置,能为带叶扦插嫩枝提供良好的环境,效果很好。此设备由叶面水分控制仪和对称双长臂自压式扫描喷雾机械系统组成。设备安装在室外,苗床上方不需要任何遮盖。插在基质上的带叶嫩枝插穗,处在阳光照射和喷雾的条件下,叶面保持一层水膜。在阳光下,嫩枝面的水膜蒸发很快。此设备有灵敏的传感器,能正确地为控制仪提出开始喷雾和停止喷雾的指令,保证自动间歇地喷雾。

喷雾支管长度为 12 米,喷雾管安装在圆形苗床中心的机座上,每侧 6 米长。圆形苗床的面积为 100～120 米^2,每批可扦插毛白杨、窄冠白杨苗 5 万～8 万株。这种嫩枝扦插方式,比上述塑料拱棚育苗效率高。此设备的稳定性和精确度都很高,安装方便,喷雾均匀。水源可用自来水、小型水泵水或 3 米高的简易水塔中的水。利用小水塔蓄水,可保证在停电时不停止喷雾。1987 年以来,全国已有 30 个省、自治区、直辖市和 500 多个单位采用此项技术,在毛白杨、山杨和桉树等阔叶树以及各种花卉和针叶树嫩枝扦插上,取得了很好的效益。此项技术已被列为林业部和国家科委的重点推广项目。

　　扦插圃地应选择光照、排水和通风良好的平地,土壤以沙土和沙壤土为好。苗床四周用砖砌起高 20～30 厘米的埂,底部留排水孔。如地表排水差,宜在底部铺 10 厘米厚的煤渣或碎石,以利于排水。床内铺 10 厘米以上厚的沙,作为扦插基质。锯末、碳化稻壳、泥炭土、蛭石和珍珠岩,也可作基质。对基质应进行消毒。

　　嫩枝插穗采自苗圃 1～2 年生苗木,或平茬后由根颈发出的萌条。由于每批育苗需用 5 万～8 万根插穗,用量很大,因此最好设立一定面积的采穗圃。

　　很幼嫩的处于速生阶段的嫩枝,生根力稍差,而且容易感染病菌。木质化程度过高的嫩枝生根力也稍差。半木质化嫩枝最易生根。采穗条必须在清晨或阴天进行,气温高时即停止。穗条应用塑料膜包好,防止失水,并立即运到苗床附近,在屋内或阴凉处加工成插穗。将穗条用锋利的小刀削成 6～10 厘米长的插穗,切口为平切口,顶端的幼嫩顶梢去掉不用。保留上部 3～4 片叶,上切口离第一片叶着生处 0.5～1 厘米,去掉下部的叶片。毛白杨的叶片较大,每平方米要扦插 500～800 株,而且不能使叶片重叠,故应将叶片适当剪小。

　　扦插时间以 5～7 月份较好。8 月份扦插,木质化不好,越冬易受损。

　　插穗制好后,立即进行杀菌和用生长激素进行处理。可用多菌灵、硫菌灵或百菌清等药剂的 1 000 倍溶液,浸泡插穗基部 30 秒钟,然后用吲哚丁酸或萘乙酸 500～1 000 毫克/升浓度的溶液,速蘸穗基部 3 厘米,蘸 30 秒钟后即扦插。扦插的深度为 2～3 厘米,不宜太深,以插穗不倒为准。扦插宜在阴天、早晨、傍晚和晚上进行。扦插过程中需防止插穗失水,故应及时用喷壶喷水。

　　扦插后的初期,应频繁间歇喷雾,经常保持叶面有一层水膜。

愈伤组织形成后,可减少喷雾,待水膜减少 1/2 时喷雾;生根后,可待叶片上水膜蒸发完后再喷;大量根系形成后,可根据基质湿度和幼苗的吸水能力,减少喷雾。全光照自动喷雾扦插育苗装置的控制仪,可以调控所需要的喷雾间歇时间。在保证适量喷雾的同时,要注意扦插基质是否足够通气,是否会因喷雾过大而引起嫩枝霉变。一旦发现问题,就要及时进行处理。

扦插结束后,要喷 1 次多菌灵或硫菌灵 800 倍液。以后每隔 5 天喷 1 次,雨后也要及时补喷 1 次。插穗生根后,可减少喷药次数。插穗愈伤组织形成后,每周追肥 1 次。初期喷 0.2%～0.5% 的尿素,后期喷 0.2%～0.5% 的尿素与磷酸二氢钾的混合物。喷施农药和化肥均应在傍晚无风时进行。

当幼苗大多数形成大量根系后,要及时炼苗。幼苗移栽前 3～5 天,应停止喷雾,以促进生根和提高适应能力。移栽应在傍晚或阴天时进行。移栽后即浇水。初期要及时灌溉。

一般 7～10 天后,嫩枝插穗生根,30 天左右可以移栽。空出的苗床消毒后可进行第二批扦插。

第五章　杨树团状配置
营造速生丰产林

第一节　杨树速生丰产的基础条件

要实现杨树的速生丰产,必须达到基础条件的要求,如土壤条件、光照条件、水分条件、土壤营养元素条件等。

一、土壤条件

土壤是杨树生长的基础。影响杨树生长的主要土壤条件包括:土层厚度、土层分布、土壤质地、地下水位、土壤 pH 值等。适宜杨树生长的条件是,土层深厚(土层深 1.5 米以下),土壤质地为壤土或轻壤土,在 1 米深左右土层有黏质间层,地下水位在 1.5～3 米之间,pH 值在 6～8.4 之间,以 7～8 为最好。在较重的盐碱地(pH 值在 8.5 以上)和通体沙地块上不宜营造杨树速生丰产林。黏重的土壤通气性差,易板结,影响根系伸展和对营养物质的吸收,影响杨树的速生丰产。

二、光照条件

杨树属强光性树种。据测定,欧美杨在全光照条件下,每平方分米叶面积每小时吸收二氧化碳的数量为 25 毫克。而白蜡的吸收量为 20 毫克,欧洲山杨为 20 毫克,水青冈只有 10～12 毫克。说明它对碳素的同化强度最高。

杨树在年生长过程中,不同的物候期,因林木经过萌芽、展叶、生长期、落叶后几个不同的阶段,而且树叶、树冠对光照的阻留、反射等作用,林内日辐射量在不断变化。实践证明,太阳的日辐射量、光照时数与造林密度密切相关。造林密度越大,光辐射树冠的阻挡作用加大,辐射量越小。同时,光照时数也明显减少,直接影响叶面积的同化作用,林木生长受阻。杨树只有在光照条件不受影响或少受影响的情况下,才能实现正常生长。从沙兰杨年生长节律中,可以看出日照时数对杨树生长的影响(表5-1)。

表 5-1　日照时数、气温、降水量与沙兰杨胸径年周期生长关系

月份 项目	4	5	6	7	8	9	10	年生长量
光照时数 (小时/月)	292	296	283	245	187	223	236	
月平均气温 (℃/月)	15.0	21.7	25.2	25.9	25.3	19.3	16.2	
降水量 (毫米/月)	6.3	3.9	14.6	78.4	165	45.4	18.6	
粗生长量胸径 (厘米/月)	0.7	1.1	1.2	1.0	0.9	0.1	0	5.0

注:1980 年春定植 3 厘米粗苗木,1983 年调查数据

从表 5-1 的数据中分析,沙兰杨在年周期生长过程中,以 5~8 月份加粗生长较快,而它的光照时数最大,在 187~296 小时之间。以 5 月份、6 月份粗生长值最大,而它的光照时数也最大。8 月份降雨量达到 165 毫米,日平均气温与 5、6 月份相近,但光照时数比 5、6 月份分别减少了 109 小时和 96 小时。粗生长量也分别减少 0.2 厘米和 0.3 厘米。证明光照时数是影响杨树生长的第一因子。当然,如果在光照、水分、气温三要素都能满足的条件下,生长量会更大。

三、水分条件

水是实现杨树速生丰产的关键。它与光照、肥力组成杨树速生的三大要素。特别是黑杨派品种，在光照充足、雨量充沛的条件下，年胸径生长量可保持在 5 厘米以上，5～9 月份都是材积生长量的高峰期。在缺水的情况下，叶片含水量降低，甚至出现萎蔫状态时，会直接影响光合生产力，材积生长会明显下降。中国林业科学研究院刘奉觉、郑世锴研究员编著的《杨树水分生理研究》一书中，详细研究分析了杨树与水分的关系及供水指标、措施等内容。其中，对 I-69 杨人工林需水量研究结果见表 5-2。

表 5-2　I-69 杨人工林需水量

| 林龄（年） | 公顷年材积（米³/公顷） | 单株年材积（米³/株） | 年生长季节需水量（吨） | 生　长　月　份 | | | | | | 休眠月份 | | 全年总量 |
				5	6	7	8	9	10	11	4	
2	7.5	0.01351	557.7	26.2	89.8	107.6	101.5	155.6	77.0	128.0	128.0	813.7
			5577.0	262	898	1076	1015	1556	770	1280	1280	8137
5	30.0	0.05405	457.0	95.5	82.3	100.5	74.5	53.0	51.2	128.0	128.0	713
			4570.0	955	823	1005	745	530	512	1280	1280	7130
5	45.0	0.08108	1306.7	273.0	235.2	287.5	213.0	151.6	146.4	128.0	128.0	1562.7
			13067.0	2730	2352	2875	2130	1516	1464	128.0	128.0	15627

表 5-2 是刘奉觉、郑世锴研究员在对"杨树田间供水与杨树生长关系"的多年研究中运用蒸腾耗水与材积产量的关系，正确估算出林木的需水量及生长期各月份的需水量。以 5 年生 I-69 杨为例，每公顷生产 30 米³ 木材时，年需水量为 7 130 吨，平均生产 1 米³ 木材需水 237 吨。每公顷生产 45 米³ 木材时，需水量为 15 627 吨，平均每生产 1 米³ 木材需水 347 吨。由此可见水分对杨树材积生长的

影响及重要性。

四、土壤营养元素条件

　　杨树需要的大量营养元素与农作物相似，以氮、磷、钾为主。但它的施用量，施肥时期和施肥配比有所不同。在自然立地条件的土壤中，各营养元素的含量远远不能满足杨树速生丰产的需求，需要人工补施营养元素。

　　在营养元素中可分为能量元素、常量元素和微量元素三类。能量元素包括碳、氢、氧、氮，这些元素是构成蛋白质的基本元素，是杨树维持生命和快速生长所必需的大量物质。常量元素包括钙、镁、磷、硫、钾、钠等，其中镁、磷、钾对杨树更为重要。镁是叶绿素的必要成分，没有叶绿素，光合作用就不能进行；磷是细胞中原生质的重要组成部分，它参与核苷酸和核酸的组成；钾是纤维素合成的重要元素，对树木的生长起主要作用。主要微量元素有铁、铜、锌、硼、氯、碘、硒、硅等。微量元素是林木生长、发育繁殖的重要限制因子，虽然需求量极小，但不能缺少。

　　微生物是增加土壤肥力、提高各种营养元素的利用率、降低投资成本等起着关键作用。它和化学肥力、物理肥力一样组成生物肥力，是土壤肥力组成的第三个方面。随着科学的发展，我国的微生物菌肥的研究及生产质量、规模正在提高和扩大。在杨树培育上正确施用微生物菌肥是实现速生丰产的又一关键措施。

第二节　杨树速生丰产基础条件的改善与改良

一、改善光照条件

　　光是大自然赐给的，人工不能创造。但人工可以通过各种途经合理利用光能,从而改善光照条件,增加光照时数,达到提高光能利用率的目的。改善杨树速生丰产林的光照条件有两个方面:一是改变传统的行状造林模式为团状造林模式,使阳光从团与团之间的透光带中射入林内,增加林冠内的光照面积和光照时数。二是团状造林的密度问题。应根据团状造林的培育目标(如大径材、中径材、小径材),确定团内株距、团间距和团行距。总的原则是培育中径材,团内株距可缩小为 1.5～2.0 米,团间距为(7 米～8 米)×(8 米～9 米);培育大径材,团内株距为 2～2.5 米,团间距为(8 米～9 米)×(9 米～10 米)。具体栽植规格应根据当地的光照时数、立地条件综合考虑确定。

二、改良土壤条件

在平原地区营造速生丰产林,土层比较深厚。但是,在平原造林应充分考虑到不与农业争地,特别是基本农田更不能大面积造林。平原造林主要应放在村庄周围闲散隙地、沙荒地、坑塘、废弃窑场,轻中度盐碱地等。在这些地方造林,自然立地条件远远不能满足速生丰产的标准。在改良土壤方面应采取平整土地,全面整地(深耕)、挖大植树穴改良土壤,造林后每年深耕等措施。

(一)平整土地　一般村周围的闲散地,因农民盖房垫庄基用土造成高低不平,有的已形成坑塘。废弃的窑场因长年烧砖用土造成几十公顷、几百公顷的坑塘或洼地。类似这些地块必须用推土机把地块推平,为造林后浇水、管理打好基础。

(二)深耕改土　在平整好土地的基础上,进行全面深耕,深度为 30 厘米以上。第一次深耕应在 9 月份前后,只耕翻不耙地,充分利用阳光照射晒土,使阴土变为阳土。造林之前进行第二次深耕改土,耙平。结合深耕施入有机肥和复合肥,改善土壤的理化性质,增加土壤肥力。

(三)挖大穴　如翌年春季造林,可在当年冬季(11～12 月份)

把植树穴挖好。经过一冬天的风化,板结的土壤可变得疏松,坑内又可增加积雪,提高深土层的含水量。造林后每年进行两次深耕。第一次应在 8 月下旬进行,北方地区雨季已过,此时深耕可把地上的杂草翻到土壤中当压青肥使用,同时增加土壤的通透性。第二次应在土壤封冻前(华北地区一般在 11～12 月份)进行。把已落的树叶全部翻入地下作肥料用,又可以把叶上和土壤表层的越冬病源、虫源消灭掉,减轻翌年的病虫危害。

通过上述四种措施,可为杨树的速生丰产创造适宜的土壤条件。

三、改善水分条件

杨树是需水量较大的植物,在生长季节缺水将影响其生长。我国北方地区多为缺水地区,而且降水分布不均。特别在每年的 5～6 月份,是北方地区最易造成干旱的月份,降雨量很小,而恰恰又是杨树材积生长最快的月份。因此,科学浇水、合理浇水是实现杨树速生丰产之需要,又要节水灌溉,把浇水安排在杨树速生月份,土壤处于干旱缺水的条件下进行。浇水时期和年浇水次数应根据各地具体实际而定。

浇水量的大小是杨树速生的关键指标。第一次浇水(展叶期)与农作物浇水相同,为常量浇水,相当于 50 毫米以上的降水,即每 667 米^2 浇水 33 吨以上。5～6 月份的干旱高温期浇水要采取增量浇水,相当于 80 毫米左右的降水量,即每 667 米^2 浇水 53 吨以上。9 月份浇水可根据雨季降水量的大小,确定常量浇水还是增量浇水。11～12 月份浇越冬水时,可采取常量浇水。

为提高浇水和降水的利用率,可采取渗灌、深挖树盘蓄水,树盘覆盖地膜等措施,可明显减少浇水量,减少水分无效蒸发,增加树木叶片的蒸腾量,把水分不必要的浪费降到最低限度,节约水资源和浇水投资。

四、改善施肥条件

平原宜林地是指基本农田之外的土地。其土壤结构、土壤肥力较差,有的耕作层阳土已被破坏,如村周围的坑塘,建设新民居后留下的旧村庄废地,窑场废地等。自然条件下的土壤不能实现速生丰产,在平整土地的同时,必须增施基肥,造林后给树木追肥等措施。

(一)增施有机肥(基肥)　增施有机肥就是在造林前整地时,把腐熟的农家肥、饼肥、鸡粪、牛粪等动物粪便施入土壤中。它起到改良土壤结构、土壤理化性质和增加土壤肥力的作用。杨树由土壤吸收的各种营养物质是微生物(菌类)生命活动中的代谢作用产生的。在土壤中有机质(有机肥中含有机质最高)含量越高,微生物数量越多,长期不使用有机肥的地块,微生物数量会大大减少。增施有机肥主要是补充土壤中有机质的含量,为微生物的生存繁衍提供基质。

(二)补施化肥　补施化肥是杨树生长过程中必不可少的管理措施。在平原杨树宜林地营造的片林,远远不能满足其生长的需要,必须靠人工补施化肥来完成。

1. **补施氮肥**　在杨树的生命活动中,氮肥需要量最大。但是什么时期补? 补什么类型的氮肥? 补氮具体操作方法等要素,首先要从原理上认识和理解。

土壤中的氮 97%～99% 是存在于有机物中的,植物无法吸收利用。只有在微生物的生命活动中缓慢分解有机物,释放出无机态氮后,才能被植物吸收。以尿素为例,土壤对尿素呈水分子吸附,不像对铵态氮肥离子吸附那样牢固,明显低于对硫酸铵、氯化铵和碳酸氢铵的吸附。因此,尿素氮在土壤中的移动较铵态氮大,更易随水下移,多分布在 10～30 厘米的土层之间。铵态氮多在0～10 厘米的土层之间。尿素是在土壤微生物分泌的尿酶作用下,先水解为碳酸铵,最终形成铵态氮和二氧化碳。在尿素水解为碳酸铵的同时,另一个生化过程,即硝化过程立即开始。尿素分解氨化作用和硝化作用,在25℃～35℃的温度下,比15℃～20℃下分解快。施肥后第四天达到氨化高峰。同时,铵态氮转化为硝酸态氮也较快。施肥后第十一天,硝化量占施肥量的3/4。尿素转化为硝态后,可继续被植物吸收。

尿素的氮损失与尿素使用和土壤质地有关。一般施用量大或土壤黏重,铵的损失量大;反之,则小。尿素转化为铵态氮后,氮素容易挥发。在微碱性至中性的土壤中,这种挥发损失在20%～40%。因此,在无灌溉条件或灌溉条件较差的地方,补施尿素也应深施覆土,以防氨的挥发。

2. **补施磷肥**　土壤的全磷含量以五氧化二磷(P_2O_5)的多少来表示。一般为0.10%～0.15%。北方地区的石灰性土壤,全磷含量较高。一般在0.13%～0.16%。黏土的含磷量高于沙土。全磷含量在0.05%～0.1%的情况下处于土壤缺磷状态。

但是,全磷含量高的土壤不等于植物不缺磷。因为土壤中大部分磷存在于难溶性化合物中,土壤中有大量的游离碳酸钙与大部分磷起化学反应,生成了难溶的磷酸钙盐被固定在土壤中,植物难以吸收,仍会造成植物缺磷。磷肥按溶解性可分为水溶性(磷酸铵、过磷硫钙),弱酸溶性(钙、镁、磷肥)和酸溶性(钙矿粉)三类。如把过磷酸钙施入酸性土壤或石灰性土壤后,与土壤中的活离子铁、铝离子或钙盐起化学反应,均转化为溶解度较小的弱酸溶性磷酸盐,对于林木吸收利用率很低。因此,在施用磷肥时,要尽量减少与土壤接触面,减少磷的化学固定,以点施或穴施为最好;也可做叶面喷肥,提高磷肥利用率。在施用磷肥时与有机肥混合施用效果更好。

3. **补施钾肥**　土壤中的钾主要以无机形态存在。按其对作物的有效程度可分为速效钾(包括水溶性钾和交换性钾)、缓效钾

(次生矿物)和无效钾(原生矿物)类。它们之间存在动态平衡,调节钾对植物的供应。土壤中的速效钾只占全钾的1%左右。

例如,氯化钾施入酸性土壤后,钾离子即能直接被林木吸收利用,也可与土壤胶体上的阳离子产生置换反应,成为置换性钾。残留下的氯离子(Cl^-)形成盐酸,随水淋洗至下层和附近的河流中。土壤溶液中的钾与土壤胶体上吸附的置换性钾,均可被根系吸收利用,属于速效钾。一部分速效钾,还可以进入黏土矿物层,转化为非置换性钾,从而降低钾的有效性。这种钾在一定条件下还可以再释放出来,故称此为"缓效性钾"。

根据钾肥在土壤中移动性小的特性,所以在补施钾肥时,要适当深施,作基肥,将肥料施到湿度变化较小的土层中,把肥料集中施在林木根系分布密集的地方。一般黏质土壤含黏土矿物多,固钾量大,施肥量要适当加大。而沙质土固钾量小,施肥量可适当减少。因为施入的钾肥,只有先满足土壤固定的需要后,才能被林木吸收。

(三)提倡普遍施用微生物菌肥　微生物菌肥是指一类含有活微生物的特定制品,应用于农业生产中,作物能够获得特定的肥料效应,在这种效应的产生中,制品中活的微生物起关键作用。据来自澳大利亚、美国、英国、新西兰、加拿大等国的26位土壤专家共同撰写的《土壤生物肥力》一书中,将土壤肥力分为化学肥力、物理肥力和生物肥力三个方面。而生物肥力又是促使物理肥力的转化和提高化学肥力利用率的关键。

我国目前对微生物肥料的研究证明有以下六个方面的作用:①有固氮、解磷、解钾,增进土壤肥力的作用。②有制造和协助作物吸收营养的作用。③有促进失衡的土壤微生物区系的改善和恢复作用。④有促进作物生长、改善和提高作物品质的作用。⑤有降低作物病虫害发生、增强抗病虫害能力的作用。⑥有对土壤环境(水体)的净化和对有机物肥料腐熟作用。

目前,在平原农区普遍应用的肥料仍然是以化肥为主。以尿素的使用量和复合肥料的施用量最大。由于长期施用化肥,不施或很少施用有机肥,已严重造成土壤板结、返碱现象,土壤微生物大量减少,土壤肥力明显下降。随之带来病害发生严重,造成作物的抗逆性明显降低。农民在肥料上高投入的情况下,并未得到理想的高收入。这是广大平原农区存在的普遍问题。为解决好这个普遍存在的问题,唯一的办法就是增施微生物菌肥。根据作物的种类不同,有的放矢地选择不同生物肥料。

微生物肥料产品类别主要有:

1. 根瘤菌制剂　用制剂通过拌种、土壤接种,在豆科种子周围存活,繁殖;当豆科植物长出根后,制剂中的根瘤菌侵入幼根,很快形成根瘤,可实现生物固氮。目前研究证明,在大豆、苜蓿、刺槐等豆科植物上的应用效果良好。目前还没有在杨树上应用的报道。

2. 自生及联合固氮菌类制剂　这类制剂固氮量只有根瘤菌固氮量的几十分之一。但它在代谢过程中,可产生植物激素(吲哚乙酸、细胞分裂素)、维生素、有机酸等有利于作物吸收的作用。

3. 溶磷细菌制剂　据近几年研究,溶磷细菌有:土壤杆菌属中的一些种,氨基酸杆菌、节杆菌属中的一些种,芽孢杆菌中的许多种等,对磷的吸收作用明显。

4. 溶磷真菌制剂　报道的溶磷真菌主要有酵母菌、曲霉菌、青霉菌等。真菌的溶磷作用远远高于细菌。

5. 硅酸盐细菌制剂　硅酸盐细菌,是指能分解硅酸盐类矿物的一类细菌,主要作用有解钾的功能,改善作物的钾元素代谢和营养作用。俗称为"钾细菌"。解钾是通过酸溶和络合溶解,破坏钾长石晶状结构,将钾元素释放出来。

6. 促生细(真)菌制剂　对作物具有促生作用的微生物,目前报道的细菌有 10 多种,真菌有近 10 种。研究证明,它们不但能分泌促生物质,而且能分泌抗生物质和产生铁载体,对宿主作物的病害有调控作用。有些种群能够分解农田中的污染物。目前已在林业上推广应用。

7. 光合细菌制剂　光合细菌是一类能将光能转化成生物代谢活动能量的原核微生物。它广泛分布于海洋、江河、湖泊、池塘及水生植物根系和根际土壤中。在促进物质循环(碳循环、硫循环、氮循环)中有十分重要作用。能明显改善作物营养,刺激土壤微生物增殖,进一步改善和提高土壤生物肥力。

8. 有机肥料腐熟剂　有机物主要指作物秸秆、生活垃圾、人类及畜禽粪便等。这些有机物(包括有害的有机物)通过生物转化技术将其减量化、无害化和资源永续利用。有机物腐熟剂是根据不同的物料选择和组配,由具有分解、腐熟、转化功能的微生物加工而成的。

9. 土壤(水体)生物修复剂　是面对不断增加的土壤(水体)污染问题而研制的产品。土壤的主要污染物是指化学肥料、化学农药(包括除草剂、杀菌剂)、工业污染、石化污染、污水污染等。可进行生物修复的有细菌、真菌和一些放线菌。在这些菌类代谢过程中分泌出许多酶,包括氧化物酶、漆酶、酪氨酸酶等。酶可将大分子分解为小分子并加以利用,从而消除污染物质。

10. 放线菌制剂　目前我国研究并应用在生产中的主要是细黄链霉菌。它的次生代谢产物比较丰富,有明显的促生作用和对植物病害有明显的抑制和减轻作用,用作“抗生菌肥”。有两种制剂:一是液体制剂,如植物激素(细胞分裂素)可用于喷施、灌根;二是固体制剂,是经液体发酵→固体发酵→复合菌剂或复合微生物肥料,广泛用于各种作物。

11. 厌氧菌制剂　通过筛选厌氧微生物种群,扩大培养,获得大量培养物。主要用于有机物料腐熟。如秸秆直接还田,腐熟不足,常使一些秸秆携带的病害生物得以存活。在秸秆还田时加入厌氧菌制剂混合使用,可加速秸秆入土后的腐熟,达到消灭病菌、腐熟秸秆的双重功效。

12. 微生物种子包衣剂 目前推广的种子包衣剂,配方为肥料、保水剂、农药等。使用后,促进种子的发芽、全苗、壮苗和防治病虫害的作用。但是化学农药对土壤污染严重,70%的农药残留在土壤中,只有30%的农药进入植物体。使用微生物种子包衣制剂,不但解决了化学农药对土壤的污染,而且在种子周围定殖大量的微生物,达到刺激生长和占位性抑制病原微生物的作用。

13. 复合微生物制剂 是指制剂中含有两种或两种以上的微生物。多菌株的产品主要是分菌株生产,然后混合,制成复合制剂。目前我国处于研发阶段,在生产上应用还很少。

14. 生物有机(无机)肥料 近几年来,生物有机(无机)肥料在生产上已得到了广泛应用,收到了良好效果。它主要由有机质、化肥和微生物三类组成。由于微生物与化肥直接混合,会使大量的微生物死亡,此项研究还未过关。因此,目前出售的都是分类包装。有机质和化肥用大袋包装,微生物肥用小袋包装,将二者分开,使用时再将二者混合,及时施入土壤中,收到了良好的使用效果。

总之,微生物肥料在林业上应用时,应选择好对路产品,选择大厂家生产的产品,按照施用标准,做到合理施用,切忌购买小厂家无标准批号的肥料,以免上当受骗。

第三节 杨树良种壮苗的选择

杨树良种壮苗的选择,在不同的区域有不同的选择方法和标准。特别是在良种方面,不同的区域,立地条件、环境条件都不一样,只能立足本地选择良种。异地良种硬搬到本地,不进行试验就推广到生产中去,往往会给农民带来较大的经济损失。这样的问题在20世纪60～70年代经常出现。例如,河北省魏县,在20世纪70年代从山西夏县引进的箭杆杨,定植后4年,胸径只有8厘米,除去植苗苗茎2厘米,平均每年生长1.5厘米。4年以后,树冠内大枝和主枝头干枯死亡,定植 7 年时,胸径只有 12~13 厘米,连檩材也长不成。70 年代末引进的北京杨,在前 4 年生长表现较好,5 年以后出现大枝和主枝头干枯死亡,只能培育成檩材。这样的教训不能再重演。

关于壮苗的问题,目前生产上应用的壮苗误认为就是大苗。笔者认为,大苗不等于壮苗。如河北省魏县车往镇营造折合型速生丰产林时,从山东冠县调入的胸径 3 厘米窄冠白杨 3 号苗木,造林后成活率不足 60%,成活株数当年生长量也很小。落叶后调查,调入的 3 厘米苗木平均胸径 3.2 厘米,年均生长 0.2 厘米。本县培育的窄冠白杨 3 号,用 2 厘米粗的苗木造林,落叶后调查,平均胸径 3.3 厘米,年均生长 1.3 厘米。其主要因素是与苗龄及生长环境有关。从山东冠县调入的苗木是 3 年生苗圃地的苗木,大苗出售后,剩余的 3 厘米苗均是被压苗,造林根本不能使用。因此,选择壮苗的标准,应是在同一块苗圃地大于平均生长量的苗木。

一、良种选择的基本原则

(一)坚持从乡土树种中选择的原则 从当地生长的众多品种中筛选生长表现较好的树种。主要是看哪些树种表现好,哪些树种表现一般,在当地的立地条件下实践证明这些树种和品种的适应性。乡土树种在本地生长多少个世代,也有表现好的,应加以发展利用。引进的新品种,在当地生长多年,表现良好,说明这些新品种已经适应了当地的环境条件,应加以选择、推广应用。

(二)坚持新品种引进、中间试验、推广的原则 杨树新品种的选育,在国家及省级的林业科研单位和大专院校等林业科研人员的努力下,根据不同的研究方向、研究目的选育了大批优良新品种(无性系号),为杨树的更新换代和林业生产做出了巨大贡献。经济效益、生态效益和社会效益明显提高。但值得注意的是,这些新品种是在特定的条件下选育并推广的;在甲地试验证明是推广良种,引种到乙地后就会出现不同的生长表现;有些表现良好,可作良种推广,有些表现一般,只能适量发展,有些表现很差,就不能在乙地推广。以河北省魏县对 15 个白杨派无性系引种筛选试验为例,调查结果见表 5-3。

表 5-3　13 年生白杨派引种筛选试验林材积生长量

品　种　　　生长量	三倍体毛白杨	窄冠白杨3号	窄冠白杨1号	1414号杨	窄冠白杨5号	0084号杨	1211号杨	1331号杨
材积(米³)	0.3779	0.3346	0.2716	0.2632	0.2536	0.2492	0.2283	0.2167
生长序位	1	2	3	4	5	6	7	8
品　种　　　生长量	易县雌株	窄冠白杨6号	1715号杨	窄冠白杨4号	5057号杨	1237号杨	741号杨	1316号杨
材积(米³)	0.2125	0.2049	0.2031	0.2003	0.1967	0.1944	0.1943	0.1668
生长序位	9	10	11	12	13	14	15	16

　　表中数据显示,窄冠白杨 5 个系号,在山东试验结果是窄冠白杨 5 号生长最快,冠幅也最大。而在河北省魏县试验结果,生长最快的是 3 号和 1 号,5 号材积生长量明显低于 3 号和 1 号,而且 5号冠幅最大。1 号冠幅最小,树干通直,是推广的良种。而 741 杨和 1316 杨在冀中地区表现很好,是推广的主要良种,而在冀南地区生长表现较差,在 16 个系号中分别排在第十六位和第十五位;比对照(易县雌株)还靠后 7 位和 6 位。这就充分说明,杨树新品种必须进行试验后再推广。没有经过中间试验的杨树品种,在当地不能算是良种。

　　(三)坚持走选择超级苗、建立采穗圃之路　在某一个地区,良种选择确定之后,首要的任务是良种繁育;从繁育的苗木中选择超级苗;利用超级苗的种条或穗条,通过嫁接或扦插的方式建立采穗圃。只有这样,才能长期保持良种的优势地位,也是对良种保护的一项有效措施。也只有这样,才能使良种繁育走向良性循环;要彻底改变在繁育过程中,优质苗造林、劣质苗育苗、年复一年恶性循环的局面。

二、壮苗的选择标准

(一)黑杨派壮苗选择标准

1. 苗木规格与苗龄　黑杨派育苗均采用扦插繁殖的方法,繁殖容易,生长迅速,当年育苗,可当年出圃用于造林。在苗木选择上,不同地区对造林苗木的要求有一定差异。例如,在华北中南部地区造林,营造片林时选用胸径 2 厘米苗木,造林当年胸径生长量可达 2～3 厘米,管理水平高的片林可达 5 厘米,冬季无冻害。而在华北北部、东北地区、西北地区,由于气候寒冷、生长期短、温差较大,选择当年生苗造林,易出现冻害,应选择 2 年根系 1 年干的平茬苗或不平茬的 2 年生苗造林。有条件的地方,可提高苗木标准,选用 3 厘米以上的苗木造林。

2. 壮苗选择方法　在选用 1 年苗造林时,首先要调查苗圃地的平均胸径生长量,高出平均生长量的苗木为壮苗标准,如育苗密度合理,出圃数量可达到 60％以上,留下苗木,再生长 1 年恢复苗期的树势,仍可培育成壮苗。在选择 2 年生苗造林时,苗木规格(1 米高处直径)应掌握在 2.5～3 厘米;2 年根系 1 年干苗木,胸径 2.5 厘米以上为壮苗;造林选用不平茬的 2 年生苗,胸径 3 厘米以上为壮苗。

3. 异地调苗壮苗的选择　在造林任务量大,本地苗木不能满足需要时,就需要从异地调苗。从异地调苗必须派专业技术人员去苗圃地实地考查,按照上述苗木选择的规格和标准选择起苗。必须坚持苗龄和规格双重标准选择。严格控制只要求苗木规格,不考虑苗龄、把被压苗等劣质苗调入造林地区。

(二)白杨派壮苗的选择　白杨派苗木生长较慢,而且繁殖比较困难。因扦插繁殖成活率较低,生产上常用的方法还是炮捻嫁

接法和一条鞭嫁接法。嫁接繁殖成活率一般在 70％～80％。由于白杨派育苗程序复杂,也难免造成成活率偏低的情况。但是,死亡的株数不是均匀死亡的,而是连株死亡、成段死亡或成片死亡等现象,造成了株距之间不均匀,因此带来单株生长量的不均衡,嫁接苗易出现两极分化的现象。还有一种情况,由于嫁接苗的砧木的粗细,接穗芽饱满程度和木质化程度不同,造成苗木的生长量有较大的差异。因此,壮苗的选择不全同于黑杨派苗木选择。

1. 苗木规格与苗龄标准　营造团状片林,要求选用 2 年生苗木,苗干 1 米处的直径 2.5 厘米以上;育苗较稀,当年胸径生长量达到 2 厘米的也可以用于造林。搞农林复合经营的苗木,应选择胸径 3 厘米以上的 2 年生苗木。

2. 选择从采穗圃采接穗嫁接的苗木　从采穗圃采接穗嫁接的苗木可长期保持其优良无性系号的优良特性。在未建采穗圃的地方,又需要造林,可在苗圃地直接选择。1 年生苗木,胸径达到 2 厘米以上,作为壮苗用于造林。2 年生苗木,胸径达到 2.5～3 厘米以上为壮苗。

3. 壮苗选择方法　选择 1 年生、胸径 2 厘米的苗木,直接在苗圃地用卡尺测量,用漆或墨汁标上标记,用苗时安排人员起苗。正常管理的苗圃,每 667 米^2 可出圃 500 株左右,占总苗木的 15％左右。剩余的苗木,培育 2 年生苗。选择 2 年生苗时,胸径达到 2.5 厘米以上,出圃率可达到 85％左右,剩余的不合格苗,应清理掉,重新整地育苗。

第四节　杨树团状造林模式

团状造林是在传统的行状造林和带状造林的基础上发展起来的一种创新造林模式。但是这一新生事物的出现到大面积推广,还有一个漫长的过程。推广的速度取决于广大农民对这一造林模式的认识和认可。因此,为加速推广进程和推广范围,需要与传统的造林模式形成显明对比,在设计密度相同的情况下,既有大面积的团状配置,又有小面积的行状配置,使农民直观看到同样的栽植密度,有明显不同的材积的增加和经济效益的提高。促使农民把团状造林看成是增加收入的自觉行动。各地区在确定造林密度的同时,必须充分考虑到造林后的前期收入、中期收入和后期收入的结合,尽可能解决好前、中期造林投入和生活必需资金的问题。

一、培育中径材造林模式

培育中径材(胸径 18～28 厘米),以前期(1～2 年)间作农作物,第三年可间作叶类蔬菜及根茎类中药材,并通过修枝获得一部分枝杈材。黑杨派良种采伐期可设定为 7～8 年。白杨派良种采伐期可设定为 10～12 年。各类模式栽植密度见表 5-4。

表 5-4　培育中径材设计模式及密度

团状造林模式	栽植规格(米)	每 667 米² 栽植团数(株)	每 667 米² 栽植株数(株)	每团株数(株)
等边三角形	(1.5×1.5)×7×7	13.6	40.8	3
线段型	(1.5×1.5)×8×7	11.9	35.7	3
等腰三角形	(1.5×2)×7×7	13.6	40.8	3
线段型	(2×2)×8×7	11.9	35.7	3
等边三角形	(1.5×1.5)×7×8	11.9	35.7	3
线段型	(2×2)×8×8	10.4	31.2	3
正方形	(2×2)×8×8	10.4	41.7	4
长方形	(1.5×2)×9×8	9.3	37.0	4
菱　形	(2×3)×9×9	8.2	32.9	4

表中的团状模式,小括号内的数字是团内树之间的株距,括号后第一位数字代表团间距,第二位数字代表团行距。团间距和团行距均按团中心点计算。栽植密度控制在每 667 米² 31.2～41.7 株。采伐后,利用伐根更新造林。

上述栽植模式,如能按速生丰产林技术指标管理,黑杨派杨树 6 年生平均胸径可达 22 厘米左右,每 667 米² 蓄积可达 10.184 米³,平均每年生长量为 1.697 3 米³ 左右。白杨派树种 10 年生平均胸径可达 25 厘米左右,每 667 米² 蓄积可达 12.169 5 米³,平均年生长量为 1.217 米³。

二、培育大径材造林模式

培育大径材,团内株距和团行距都要大于中径材。一般黑杨派良种采伐期可设定为 10 年,林地前 3 年可以间作农作物或其他经济作物,第 6～7 年进行 1 次间伐,利用伐根造林。林下又可间作 2～3 年。白杨派良种可设定为 13～15 年,前 6 年间作农作物或其他经济作物,第八年进行一次间伐(利用伐根造林)。间伐后可继续种植林下经济作物。现将造林模式、栽植密度列于表 5-5。

表 5-5　培育大径材造林模式及密度

团状造林模式	栽植规格(米)	每 667 米²栽植团数(株)	每 667 米²栽植株数(株)	每团株数(株)	间伐年限 黑杨派(株)	间伐年限 白杨派(株)	间后株数(株)
线段型	(2×2)×10×9	7.4	22.2	3	6～7	8	11.1
等腰三角形	(2×2.5)×9×10	7.4	22.2	3	6～7	8	11.1
等边三角形	(2.5×2.5)×10×10	6.7	20.1	3	6～7	8	10.1
正方形	(2×2)×9×10	7.4	29.6	4	6～7	8	14.8
长方形	(2×2.5)×9×10	7.4	29.6	4	6～7	8	14.8
菱　形	(2.5×3)×10×10	6.7	26.8	4	5～6	8	13.4

如黑杨派培育大径材的栽培模式,按丰产栽培技术操作,每667 米^2 间伐材积约 2.622 1 米^3,伐根造林蓄积 2.622 1 米^3,采伐材积 9.556 3 米^3,在一个轮伐期内,每 667 米^2 材积、蓄积可达到 14.800 5 米^3,平均每年生长 1.48 米^3 大径材。另外,还可收到 5~6 年的农作物间作收入。在间伐时利用伐根造林的方法与保留林木共生,待保留林木采伐时,仍可利用树桩的直生根萌生新株或嫁接培育新株。这样交替轮伐,培育大径材,把大径材采伐年限缩短一半的时间。这样,就解决了农户和承包大户造林周期长、前期投入困难的问题。

第五节　杨树团状造林作业设计

一、树团的类型与配置

在团状造林中,树团的类型有多种多样,配置方法也不相同。笔者在生产中设计过从 3 株至 6 株,4 种类型 8 种配置方法。试验结果,以 3 株树团和 4 株树团的各种配置方法易被农民接受,其他树团类型和配置在生产中有一定的推广难度,其主要原因是占耕地面积大,不利于耕作,农户之间地界易发生矛盾等问题。因此,在生产上应以 3 株团和 4 株团为主。

（一）3 株团类型的配置　3 株团类型的配置形式分等边三角形配置、等腰三角形配置和线段型配置(图 5-1)。

等边三角形树团,团内株距根据培育目标确定团内株距的大小,一般控制在 1.5~3 米,呈北 2 株、南 1 株配置。等腰三角形树团呈北 2 株、南 1 株配置。北侧 2 株,株距一般为 1.5~2.5 米,南侧 1 株与北侧 2 株距离均为 2~3 米。线段型配置为南北走向,株距一般为 1.5~2 米。

（二）4 株团类型的配置　4 株团类型的配置形式主要有三种,

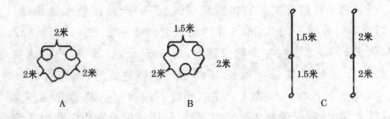

图 5-1　3 株团类型的配置

A. 等边三角形配置　B. 等腰三角形配置　C. 线段型配置

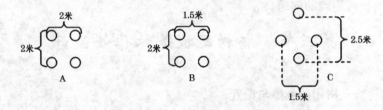

图 5-2　4 株团类型的配置

A. 正方形配置　B. 长方形配置　C. 菱形配置

即正方形配置,长方形配置和菱形配置(图 5-2)。

正方形树团配置,团内株距一般为 1.5～2 米。长方形树团配置一般为南北走向,东西两株距离为 1.5～2.5 米、南北两株为 2～3 米。菱形配置为南北走向,东西两株距离为 1.5～2 米,南北两株距离为 2.5～3 米。

二、整地、施基肥

整地要在造林前一个季节进行。如明年春季造林,今年秋、冬进行整地。平原地区造林,要全面整地。首先清理地上附着物,用

本书图中的"○"均代表杨树。

推土机推平,然后用拖拉机深耕 30 厘米以上。结合深耕,每 667
米^2 使用农家肥 4～5 米^3,施氮、磷、钾复合肥 100 千克。农家肥缺
乏的地区,可施用饼肥 150～200 千克或鸡粪 2 米^3,或牛粪、猪粪 3
米^3。深耕后不要耙地,利用冬季雨雪风化土壤。

三、树盘设计

（一）树盘及其面积　按照设计整理每一树团的树盘。如设计
三株等边三角形树团,团内株距 2 米时三角形树盘北侧长（底长）
3.8 米,三角形树盘高为 3.8 米,两侧等边长为 4.4 米。4 株团树
盘整理,按定植树位置向外扩 0.5～1 米为树盘面积（图 5-3）。

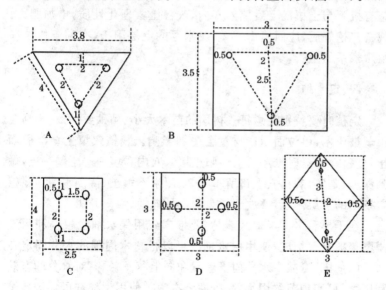

图 5-3　树盘及其面积示意　（单位:米）

A. 三角形树盘面积 7.2 米^2（三角形树团）　B. 长方形树盘面积 10.5 米^2（三角形树团）

C. 长方形树盘面积 10 米^2（长方形树团）　D. 正方形树盘面积 9 米^2（斜正方形树团）

E. 长方形树盘面积 12 米^2（菱形树团）

（二）树盘修造　按不同树团所设计的树盘面积进行整理。树盘与树盘之间用垄沟连接，便于浇水。深挖树盘的目的，一是解决多蓄水，增加渗透深度，满足树木下层根系对水分的吸收。二是促进根系向深处生长，减少耕作层根量，减免与幼林下间作的农作物争水争肥问题。三是可提高林木的抗旱能力。这样，就可以在天气干旱时适时浇水，合理用水，促进林木生长。

树团内的杨树株距是根据培育目标定的，如果培育的大径材胸径定为30～40厘米，则树团内杨树株距应该扩大至3米。

（三）植树坑标准　挖植树坑的标准，应根据当地的土壤条件确定。在平原农区，一般为长、宽、深各0.6～0.8米，并在栽植时施有机肥与土壤混合后填入穴内，改善土壤理化性质，增加肥力。栽植穴挖好后，应回填15～20厘米厚的上层阳土，有利于树苗移植后根系的生长。

四、定　植

定植时要特别注意每一树团的苗木大小、品种要一致，否则会出现被压木，单位面积产材量会受到影响。栽植穴填土全部用阳土，把整理树盘时堆放的上层阳土填入穴内。填一层土踏一层，做到深埋、踏实，栽植穴上口留15～20厘米不填土，待浇水用。栽植穴挖出的下层阴土，叠放于树盘周围做畦埂。

在干旱和半干旱地区造林，要推广应用保水剂生根剂和用地膜覆盖树盘等措施，使用保水剂。可以把树木周围的水分固定在根系的周围，可减少水分向下渗漏和向上蒸发，提高对水分的有效利用率，可实现节约用水，减少灌溉次数。使用生根剂可促进新植苗木多发新根，对提高林木的成活率和生长量作用明显。在使用保水剂和生根剂时，要严格按照产品说明使用，不要随意增加或减少使用浓度。特别是生根剂类，正确按产品要求使用，可促进生根，超量使用会抑制生根。

第六节　杨树多品种造林

杨树多品种造林是维持生态平衡、优化生态环境、促进林业持续发展、减轻病虫危害、加快树木生长的关键性措施。但是,在平原地区的现有林分,黑杨派树种已占主导地位,以单一品种纯林的形式存在。给病虫害的发生、发展和大面积蔓延提供了条件。在部分地区已造成严重灾害。如早春的杨尺蠖,春、夏季的天牛,夏、秋为害的杨树天社蛾,还有入侵生物美国白蛾,都是对杨树为害严重的害虫。害虫大面积为害,又带来了病害的大面积发生,严重地区大片林木因病害而死亡。

杨树多品种造林对病虫害的发生和蔓延有明显的抑制和阻挡作用,加上团状配置,树团与树团相互不连接,可把病虫害限制在一定的空间内,也有利于病虫害防治,减少防治费用。因此,应把杨树多品种造林放在造林的首位去考虑。

杨树多品种造林设计,主要分不同树种混交、派系之间组合和品种组合三种形式。

一、黑杨派与白杨派组合设计

在平原农区土壤条件较好的地方应选择黑杨派与白杨派混交方式。从黑杨派中选择一个适宜当地的优势品种(系号),再从白杨派中选择出一个优势品种(系号),作为派间组合品种。

组合方式可采取团间组合或团行间组合。例如,团间组合,栽一团欧美 107 杨,再栽一团窄冠白杨,依次混交栽植。采取团行间混交的方式,即第一行栽欧美 107 杨,第二行栽窄冠白杨,按行依次组合栽植(图 5-4)。

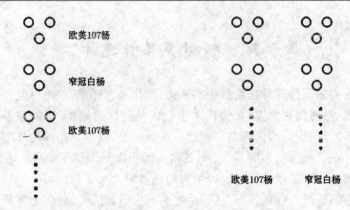

图 5-4　黑杨派与白杨派组合设计示意图

二、杨树派内品种组合设计

杨树派内品种组合是指从任何一个杨派的诸多品种中选择出两个或多个品种(系号),按照团间组合或团行间组合方式造林,如欧美 107 杨与窄冠黑杨、丹红杨组合(图 5-5)。

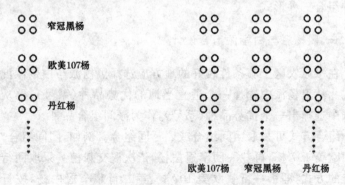

图 5-5　杨树派内品种组合设计示意图

三、杨树与其他树种混交设计

杨树与其他树种混交,在平原地区首选的混交树种是刺槐和香花槐。因为刺槐和香花槐同属于豆科,属浅根性树种,根系分布与杨树根系形不成交叉,不争水争肥,而且刺槐和香花槐根系产生根瘤菌,固氮作用明显。两种槐树高度低于杨树,林冠上层由单一树种的平面状变为波浪状,增加了林冠表面积,可提高对光能的利用率,是理想的伴生树种。香花槐又是城市绿化的好树种,又可间伐卖大苗,提高经济收入。混交设计方式如图 5-6 所示。

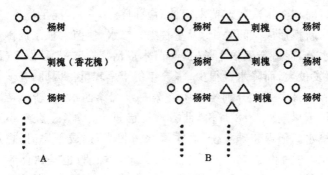

图 5-6　杨树与其他树种混交设计示意
A. 团间混交　B. 团行间混交

除与刺槐、香花槐混交外,可根据当地推广栽植的树种选择配置其他树种,如柳树、榆树、臭椿、苦楝等均可与杨树混交。混交方式可参考图 5-6。

本书图中的"△"均代表刺槐或香花槐。

第七节　肥水管理

适时浇水、追肥是保持林木速生丰产的重要管理措施。按照杨树的年生长规律,把握好浇水、追肥期和施用量才能达到减少肥、水浪费,提高林木吸收利用率,加速林木生长的目的。

一、浇　水

因地域不同,造林时间也有差别,各地应根据当地的气候条件安排浇水时间和浇水次数。现以华北中、南地区为例,确定一年内浇水时间和浇水次数。苗木定植后及时浇第一水,浇足浇透,有利于苗木新根形成。间隔 15 天左右浇第二水,使苗木根系周围有充足的水分,促进新生根生长,提高苗木成活率。5～6 月份,气温升高,蒸发量大,而降水量很少,多数年份干旱较重。因此,在 5 月上中旬和 6 月中下旬分别给苗木浇第三水和第四水,使新植苗木安全度过干旱期。7～8 月份,北方地区已进入雨季,一般年份不用安排浇水。但遇特殊年份,雨季降水量很小,造成干旱时,也应及时浇水。9 月份是苗木根系生长第二个高峰期,也是树体本身积累营养的时期,在 9 月上中旬安排浇第五水,提高苗木的木质化程度。进入 11 月份,在土层封冻之前浇第六水,保持土壤湿润,防止苗木根系冻害,也为翌年生长打好基础。

二、施　肥

结合浇水给林木施肥。有条件的在定植时施基肥,每穴施有机肥 15 千克,或施饼肥 3～4 千克,鸡粪、牛粪等 5～8 千克或施复合肥 1 千克。定植第一年前期不追肥,7 月份可结合浇水追施尿素 0.2 千克/株。定植第二年和第三年,每年追肥 2 次,分别在 4 月上旬和 7 月份追肥,第一次每株追尿素 0.5 千克,第二次追含磷、钾较高的复合肥 0.5~1 千克。第四年以后不再追肥。

施肥方法：追施尿素最好穴施于土壤中，也可结合浇水直接在树盘内撒施。追施复合肥要穴施或沟施。穴施是在树盘内用铁锹均匀挖穴，每穴施肥数量在 25 克以内，每穴施入过多，易造成肥害，损伤毛细根。沟施可采取环状沟，沟宽深各 30 厘米，把复合肥均匀撒入沟内，与有机肥、粪肥或秸秆混合施入效果最佳。

随着科技的进步，肥料产业不断创新，生物肥料由现阶段的研发示范，逐步会在生产上推广。在造林上要选择针对性强的生物菌肥，与化肥合理搭配，在杨树上推广应用。

第八节 修 枝

一、修枝原则与标准

团状林以培育大径木为主。为工业加工提供优质杨木。因此，培育目标按工业用材要求进行合理修枝，培育高干无节无疤的良材。定植后第一年一般不修枝，只除去树干下部萌生的枝条。第二年修掉树干下部着生的第一层枝和上部与主干竞争的大枝。第三年再修除下部的第二层枝和上部与主干竞争的大枝。第四年修除树干第三层枝和与主干竞争的大枝。使树干高度达到 5.2 米或 7.8 米。以后不再修枝。

二、修枝时间与方法

（一）修枝时间　修枝的最佳时期是 9 月中旬，此时多为树木第二次粗生长高峰期，修枝后伤疤当年即可基本愈合，翌年不影响生长量，减少伤疤和病害发生；也可以在树木落叶后至发芽前修枝。生长季节只修除树冠内的竞争枝和部分过密大枝，保持树冠圆满。

（二）**修枝方法** 修枝时掌握与树干修平，即不留楂，又不能损伤树干皮层。最好使用专用修枝工具，如修枝专用铲，剪枝剪或手锯等。在树木胸径达到 10 厘米以前完成树干高度修枝，培育树干无节、无疤的高干良材，提高工业用材质量。

第九节 间伐更新与采伐更新

一、间伐更新

团状造林的间伐，是指培育中径材和大径材的林分，栽植密度每 667 米^2 在 22 株以上。被间伐的林分，间伐后初植株数减少了 50%，但是，因采取伐根（嫁接）造林的方法，总株数与原来相同，只是改变了采伐形式，优化组合了林分结构，为不同龄期的林木共生在一起提供了优越的通风透光条件。因此，材积的生长不但不减少，反而会大幅增加。

（一）**间伐方法** 派内品种之间的混交林，按留一团、伐一团的方式间伐。派间混交林，如黑杨派与白杨派混交，应间伐黑杨派树团，留白杨派树团。树种间混交林，如杨树与刺槐混交，间伐刺槐。间伐方法见图 5-7。

（二）**伐根苗培育** 伐根苗培育的方法有 2 种：一是利用伐根萌芽经过除萌等管理措施，直接培育而成第二代林木。二是通过在伐根上嫁接而培育成第二代林木。

1. **伐根萌芽苗培育** 林木间伐后，刨去树桩，选留位置靠近树团的侧根为培养母根。母根距地面高度为 20 厘米左右为宜，其他根系全部挖掉。选留的根周围挖长、宽、深各 60 厘米的伐根坑，把阴土挖出，然后将阳土和粗肥按 3：1 比例填入坑内；同时混合施入复合肥 1 千克。混合土填至伐根上露 10 厘米为宜。把每一树团的 3 株或 4 株树伐根坑统一整平后浇水。当伐根上萌芽条长

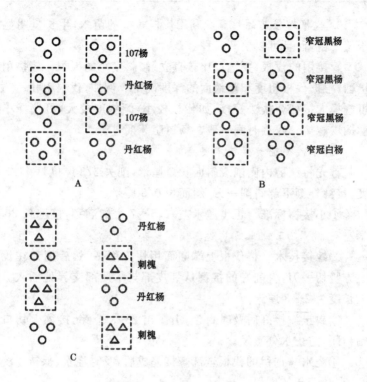

图 5-7　间伐方法示意图
A. 派内品种混交间伐方式　B. 派间混交间伐方式
C. 树种混交间伐方式

至 30 厘米高时,选留 2～3 个粗壮的萌芽条,其他多余的萌生枝全部剪除,并进行第一次封土,封至伐根以上 10 厘米高,促进萌生新茎早生新根。当萌生新茎长至 1 米左右时,选留 1 个新茎按粗壮的萌芽条培育,其他萌芽条剪除。同时进行第二次封土,封土高度为 10 厘米。经两次封土基本与地平面封平。其他管理同植苗造林。伐根萌芽造林苗木,当年胸径生长可达 3.5 厘米左右,高达 3 米以上。

2. 伐根嫁接苗的培育　利用伐根嫁接的苗木,生长量明显大于根蘖苗,而且可以更新品种。

嫁接用的伐根,要选择比较直立、倾斜度小的大根。嫁接用的接穗,根据伐根粗度和距地面的深度确定。例如,伐根粗壮、直立,可选择大接穗劈接法嫁接;如伐根较小,倾斜度较大,可选择小接穗插皮嫁接。嫁接时间一般在杨树萌芽期进行。

(1)小接穗插皮接技术要点

首先将接穗内侧削成斜面长 3 厘米,削去 2/3 厚度,留 1/3 厚度;接穗外侧下部斜削一刀,斜面长 0.5 厘米。

①小接穗标准　粗 1 厘米左右,5～7 个饱满芽,接穗长 30 厘米左右。

②嫁接技术　将伐根上端断面用快刀削平,然后用刀在伐根上方竖切一刀,将削好的接穗从韧皮部与木质部交界处插入。插入长度为 2～3 厘米。

③封土　接好后及时封土,上露出 2～3 个芽,接穗上切口用蜡封闭,防止水分蒸发。

④浇水　选留的伐根全部嫁接完成后,及时浇水,保持土壤湿润,有利于新茎生根。

(2)大接穗劈接技术

①大接穗选择标准　大接穗粗 1.5 厘米左右,长 0.5 米。

②嫁接技术　在大接穗下端两侧各斜削一刀,斜面长 4～5 厘米,下口厚度 0.2 厘米左右,削好的接穗呈楔形。接穗上切口用蜡封闭,防止水分蒸发。将伐根上端用快刀削去皮层毛茬。然后从伐根中间劈开,将削好的接穗靠一侧插入,使接穗的形成层与伐根的形成层对接好即可。

③封土　接好后及时封土。要求与树盘地平面封平,封土时不要触动接穗,以免影响其成活。

④浇水　封土后及时浇水,保持接穗周围土壤湿润,促新茎

生根。

二、采伐更新

采伐更新与间伐更新的方法相同。即刨掉伐木树桩,选留粗壮的侧根作为萌生新株的母根。在树坑内母根周围,用有机肥和土 1∶3 的比例,再加入 1～1.5 千克的复合肥混合均匀后填平树坑,为新生的第二代林木快速生长提供充足的营养。萌生苗当年可长到 3～4 厘米。

间伐更新和采伐更新交错轮伐的方法,利用伐根代替了新植苗木,不仅降低了成本,而且把一次性采伐改变为交替性轮伐,使轮伐期缩短了一半,而且明显提高了材积生长量,优化了林分结构,可实现越采越多、越采越好、绿阴常在的永续利用的目标。

第六章　发展林下经济

第一节　林下经济的发展趋势和方向

发展林下经济，就是利用林下的空闲地开展种植业、养殖业等活动。根据林龄的年限、林下光照、温度、湿度等小环境的动态变化指标，合理安排种植、养殖，以达到综合利用土地资源、增加农民收入的目的。发展林下经济是转变经济增长方式的新措施，也是一个新兴的产业，又是一种特殊的复合经营形式。

近几年来，我国林下经济发展较快，有些地区把林下经济作为一项产业发展，取得了明显的经济效益、生态效益和社会效益，并积累了丰富的经验。《中国绿色时报》、中央电视台第七频道等新闻媒体曾多次报道过发展林下经济的典型经验。如河南郏县的张国民（董事长）、李光豪（总经理）率先成立了"郏县立国林菜发展有限公司"，利用林下种植西芹、甘蓝、辣椒、生姜、茄子、西兰花等耐阴蔬菜，利用深秋林木落叶期种植洋葱、大葱、小洋葱等喜阳蔬菜，667 米^2 毛收入在 5 000～7 000 元。2008 年该公司与北京奥运会签订了林下蔬菜供应合同，林下菜送上了北京奥运会餐桌。山东省沂水县利用林下种植黑木耳，每 667 米^2 林地可放置 8 000～10 000 袋，每袋纯收入 1 元以上，每 667 米^2 纯收入在 1 万元以上。河北省邯郸市利用林下发展种植业养殖业等多种模式，邯郸市林业局马美芹等人开展"林下种养模式研究及应用"课题，2008 年已通过省级鉴定，近几年来在邯郸市各县推广面积达 0.67 万公顷，纯收益达 1.277 亿元。实践证明，发展林下经济明显增加了农民收入,同时促进了林木生长。在林下种植、养殖的生产过程中,增加了浇水、施肥数量和次数,畜、禽的粪便直接肥田,又为林木的速生丰产打下了基础,构成了经济、生态良性循环的发展模式,正在被越来越多的人所认识并付诸实施,并逐步向规模化、产业化发展。

团状配置营造的片林,更有利于发展林下经济。因为团状林属于非均匀配置,在幼龄期和中龄期,林内的阳光充足,适宜种植各种作物。林木到采伐期,仍有部分光照射入林内,可长期种植耐阴作物,为林下经济的规模化、产业化发展开辟了新天地。

笔者搞过多年团状林下间作苗木试验,并以同样密度的行状林为对照。在窄冠黑杨(2 米×2 米)×9.5 米×10 米(每 667 米² 植 28 株)的 4 株团状林内分别扦插 107 杨苗木 2 500 株/667 米²,移植窄冠白杨 1 年生苗 834 株;在 4 米×6 米(每 667 米² 植树 28 株)的窄冠黑杨行状林内间作同样株数的苗木。3 年调查出圃株数:团状林第 1~3 年先后出圃 107 杨胸径 2 厘米苗木 2 100 株、2 010 株和 1 868 株。行状林内第 1~3 年分别出圃 2 102 株、1 915 株和 412 株。前 2 年无明显差异,第三年出圃苗木,行状林只有团状林的 22.1%,证明行状林第三年已不能间作杨树苗木。在窄冠白杨间作试验中,3 年内团状林出圃胸径 4 厘米以上的苗木 766 株,占育苗株数的 91.8%,而行状林出圃 346 株,占育苗株数的 41.5%。试验证明,团状林比行状林至少延长 1 年的间作时间。当然,种植低矮苗木(果苗、花灌木)和农作物,间作时间会更长些。因此,在团状林内更有利于发展种植、养殖,应是今后林下经济发展的方向。

第二节　林下经济种植模式

林下种植应首先考虑林分密度、树种和林龄。行状配置的林木幼龄期一般可间作 2～5 年。如培育中径材(每 667 米² 植树 30～42 株)的黑杨派各品种,林下可间作 2 年,白杨派各品种可间作 3～4 年。培育大径材(每 667 米² 植树 20～28 株)的黑杨派各品种,林下可间作 3 年,白杨派各品种可间作 4～5 年。团状配置的林分比行状林分别延长 1～2 年。

一、林下农作物种植模式

(一)粮食作物

1. 种植品种与时期　10 月份种植小麦,翌年 6 月份收获,然后整地种植玉米或大豆等农作物,待秋季(9 月份)收获后,整地再种植小麦。

2. 技术要点

(1)留出杨树营养面积　行状林距树 0.8～1 米为林木营养面积,以外种植粮食作物。团状林距树 1 米以内为杨树营养面积,1 米以外种植粮食作物。

(2)选择粮食作物优良品种　粮食作物品种繁多,对环境条件的要求差异较大,各地区应根据当地的气候、土壤等立地条件确定种植粮食作物品种。

(3)肥水管理　小麦以施基肥为主,每 667 米² 施有机肥 1 500～2 000 千克,追施化肥 2 次,每次 20～30 千克,分返青和孕穗期追施。生长期浇水 3～4 次。即播种后 11～12 月份浇越冬水,翌年 2 月份浇返青水,4 月份浇孕穗水,5 月份浇供籽水。玉米可不施基肥,生长期追肥 2 次,第一次幼苗进入速生期每 667 米² 追施尿素 15～20 千克,第二次在玉米孕穗期追施复合肥 20～25 千克。结合追肥,浇水 2～3 次。

(4)防治病虫　重点防治白粉病、锈病、赤霉病、蚜虫、红蜘蛛、吸浆虫、食心虫等。

（二）油料作物

1. **种植品种与时期**　主要种类是花生和油菜，应选择适宜当地的高产优质品种。当年 4～5 月份种植花生，9 月份花生成熟，收获后整地施肥，播种油菜。

2. **技术要点**

（1）肥水管理　花生在生长期内浇水 3 次；5 月份浇抗旱保苗水，6 月份浇促长水，7～8 月份浇果实发育水。生长期追肥 2 次，第一次在幼苗促长期（5 月份）每 667 米^2 追施磷、钾型复合肥 20 千克，7 月份追施复合肥 30 千克。油菜追肥 1 次即可，3～4 月份追施氮、磷、钾复合肥每 667 米^2 20～30 千克。

（2）除草培土　花生进入速生期后，结合锄地除去杂草的同时，用锄向花生根茎周围培土，有利于花生嫩茎接触地面，使花果须梗易扎入地下，可增加结果数量。油菜结合除草向根茎培土，防止倒伏。

（3）叶面喷肥　油菜进入花期后，很少再发新叶，成叶极易衰老，光合作用降低，致使花期缩短，结籽率低。因此，在花期喷施磷酸二氢钾和硼 2～3 次，可明显提高产量。

（4）叶面喷抑制剂　花生在幼苗速生期往往植株太高，花生属地上开花、地下结果的植物，只有植株矮化、花果梗须短时，果实才能饱满充实，发现植株旺长时应及时喷矮壮素控制。

（三）红薯、油菜

1. **种植时期**　当年 4～5 月份插红薯秧苗，株行距为 30 厘米×40 厘米，每 667 米^2 插种秧苗 5 000～6 000 株，插秧前浇水，或雨后种植。9～10 月份收获，收获后及时整地，施肥播种油菜。

2. **技术要点**

（1）浇水　红薯栽后管理比较省工，在生长季节浇水 1～2 次，第一次在 5～6 月份，浇抗旱促长水，7～8 月份一般不浇水，如遇干旱年份可补浇一水。

（2）叶面喷施生长抑制剂　红薯的茎蔓和叶片占满地面后,应立即喷施矮壮素,削弱茎蔓和叶片生长,促进光合产物向根块运输。

油菜管理技术要点见（二）油料作物。

二、林下蔬菜种植模式

（一）食叶油菜、大白菜　早春（3月中下旬）定植晚熟食叶油菜品种。定植前整地,深耕 30 厘米,每 667 米² 施厩肥 2 000 千克,复合肥 30 千克,然后耙平、做畦。定植株距 15 厘米,行距 20 厘米,每 667 米² 定植 22 000 株左右,生长期追肥 1 次,每 667 米² 追施复合肥 15～20 千克。结合施肥给油菜浇水,做到小水勤浇,保持地面湿润。生长期需浇水 3～4 次。食叶油菜 6 月份收获,产量 3 000～4 000 千克。收获后把土地耕翻晾晒 1 个月,每 667 米² 施入厩肥 2 000 千克左右,复合肥 30～40 千克。8 月上旬种植大白菜。定植株距 40 厘米,行距 50 厘米,每 667 米² 定植 3 300 株左右,定植后及时浇第一水,间隔 3～4 天浇第二水保全苗。管理期间,需追肥 2 次,第一次在定植后 20～30 天,追施尿素,每 667 米² 15～20 千克,第二次（10 月上旬）追施氮、磷、钾复合肥 20～25 千克。结合施肥,给大白菜浇水,生长期需浇水 4～5 次,根据天气情况,把握浇水时期。11 月份收获,每 667 米² 产 8 000～10 000 千克。及时松土除草。及时防治病毒病、软腐病、干烧心病、菜蚜、菜青虫、小菜蛾等病虫害。

（二）菠菜、姜　菠菜秋季播种（9月中下旬）,可采用撒播或条播。开沟条播,沟深 3～4 厘米,行距 10 厘米,每 667 米² 播种量 6～7 千克。撒播前用温水浸泡种子 12～24 小时,然后用净水清洗、捞出、沥水、稍加阴干,即可撒籽。播后覆土、踩踏、浇水。入冬时浇 1 次封冻水,并用树叶、乱草等覆盖防冻。管理期间要求浇水、追肥、防治病虫害。3～4 月份收获,每 667 米² 可产 1 500～

2 000 千克。收获后整地、施肥,做好种姜准备。

　　姜在种植前需先作种姜处理。清明节前后,姜块置于阳光下平铺地面,晾晒 1～2 天,并要上下翻动;然后把姜置于室内堆放困姜 3～4 天,上面盖草苫,温度保持 11℃～16℃。经 2～3 次晒姜和困姜后即可进行催芽。催芽期间保持 20℃～28℃ 变温,湿度保持 70%～80%,有利于姜芽短、粗、壮。种植按 55～60 厘米行距开沟,沟宽 25 厘米,顺沟撒入钾肥、有机肥,粪土掺匀,后播种。姜芽株距 20 厘米,每 667 米² 播种 7 000 个芽。姜芽向南,覆土 5～6 厘米,每 667 米² 用种姜 250～350 千克。

　　种植后,林地不必采用遮荫措施。管理期间注意浇水,追施钾肥、除草、防治病虫害等项工作。寒露季节可收姜,最晚也在霜降之前收姜。每 667 米² 一般产 1 500～2 000 千克。

　　(三)大蒜、辣椒　大蒜属低温长日照植物,喜冷凉气候和充足的阳光,生育适温为 15℃～25℃。因此,在林下种植应根据当地的具体气候条件来确定播种期。播种分秋播和春播两种。华北、北京以南地区以秋播为主,"三北"北部寒冷地区以春播为主。秋播一般在秋分至寒露季节,即种麦前后。畦宽 1.7～2 米,每畦各 10～12 行,株距 10 厘米,每 667 米² 播种量 30～50 千克,保苗 4 万～4.5 万株。春播在早春顶凌播种,畦宽 1～1.5 米,行距 16 厘米,株距 10 厘米,每 667 米² 播种量 50 千克左右。栽后注意浇封冻水、幼苗促生水、蒜头膨大水。结合浇水追施以钾肥为主的复合肥。注意防治病虫害。提茎后 20 天,叶片 1/2～2/3 由绿变黄时收获。一般秋播大蒜,每 667 米² 产 1 000～1 500 千克,春播产 750～1 000 千克。采收后整地、施肥准备种植辣椒。

　　辣椒喜温不耐寒,生长发育适温为 25℃～30℃,对光照长度要求不严。定植多采用地沟、起垄栽培。按 50 厘米宽开沟种植,穴距 30 厘米,每穴丛植 2～3 株,每 667 米² 种植 0.9 万～1.2 万株。定植后及时浇第一水,隔 3～4 天浇第二水,随幼苗生长逐步培土封垄,防倒伏。进入挂果期追肥,每667米^{2}追施复合肥20～25千克。

干旱地区可采取直播密植的方法,开沟条播,行距15～20厘米,沟深2～3厘米,每667米^{2}用种400～500克。播后覆土、搂平、浇1次透水,10天后再浇一水,保全苗。全生育期追肥2次,每次追复合肥20千克。霜冻前收获。每667米^{2}产红鲜椒1 500～2 000千克。

(四)白萝卜、洋葱　白萝卜属半耐寒、较耐阴植物,幼苗期适温20℃～25℃,茎叶生长适温15℃～20℃,肉质根生长适温18℃～20℃。林下宜栽培秋冬季萝卜,播前整地、施基肥,整高垄。播种期为7月份,行距(垄距)50～60厘米,株距30厘米,播种深度2厘米左右。每667米^{2}用种量0.4～0.5千克。幼苗出土后经过2次间苗,最后定苗。播种后及时浇水,幼苗期小水勤浇,叶生长盛期适时适量浇水,肉质根生长盛期应充分均匀供水。结合浇水分期追肥2～3次,每667米^{2}每次追氮、磷、钾复合肥15～20千克。及时中耕除草和防治病虫害。白萝卜采收期在10～11月份,每667米^{2}产3 000～5 000千克。收获后及时整地,准备种植洋葱。

洋葱对温度的适应范围为3℃～26℃。幼苗生长适温为12℃～20℃,能耐低温-6℃～-7℃。鳞茎在20℃～26℃,较长日照条件下膨大更迅速。定植时期分冬、春两季;华北中南部采用冬季定植,北部高寒、干旱区春季定植。冬前定植应在土地封冻前进行,春季定植的应在土地解冻后及时进行。定植密度以行距20厘米,株距10～13厘米,深2厘米。每667米^{2}定植25 000株左右。

田间管理。浇足定植水,冬前封冻水,幼苗促长水,鳞茎膨大水。结合浇水给洋葱追肥,生长期追肥2次,每667米^{2}每次追磷、钾型复合肥15～20千克。同时做好中耕除草和病虫害防治工作。洋葱6月份收获,每667米^{2}产3 000～4 000千克。

林下能种植的蔬菜还有很多种,因地区不同,种植品种有不同的选择性。同时,考虑林龄及郁闭度,合理安排间作品种。在华北中南部可安排一年两收的蔬菜,在"三北"地区及高寒干旱地区可选择一年一收的蔬菜。

三、林下中药材种植模式

（一）花类中药材　在林下种植花类中药材,一般在幼林期（林龄1～3年)郁闭度在40％以下时可以种植,超过40％时林内光照不足,影响花类药材的产量和质量。林下主要间作的花类中药材有红花、菊花、款冬花等。

1. 红花栽培技术　红花为1、2年生草本,以花入药。高30～100厘米,花期在6～7月份,果期在7～8月份。喜干燥和光照充足的环境。红花为播种定苗。播前整地,每667米²施堆肥2 500千克,多磷型复合肥15～20千克,然后耙平,做畦,播种。以行距40厘米、株距25～30厘米定苗。每667米²留苗12 000株左右为宜。

田间管理:中耕除草一般3次,结合间苗、定苗进行,同时进行培土。苗高30厘米时追肥,每667米²追氮、磷、钾复合肥15～20千克,花蕾期追磷、钾型复合肥15千克。同时,叶面喷洒磷酸二氢钾2～3次,间隔3～4天喷1次。红花茎生长1米左右时打顶,促发分枝。生长期注意防治炭疽病、枯萎病、长须蚜、潜叶蝇等病虫害。

2. 菊花栽培技术　菊花为多年生草本,以花入药。高50～150厘米,花分白色、黄色、浅红色或浅紫色。花期在9～11月份。喜温、耐寒、可耐轻霜,根茎可露地越冬。属短日照植物。忌连作。

种植管理:移栽前先整地。每667米²施猪粪2 000～2 500千克,深耕、耙平、做畦。5～6月份移植。行距40～45厘米,株距（穴)35～40厘米,每穴1～2株。栽后压实、浇水。中耕除草4～5次,宜浅不宜深。菊花生长期追肥3次;幼苗期追尿素15千克左右,植株分枝期追复合肥 15 千克,孕蕾前期(8 月份)追施复合肥 20 千克左右。菊花长至 15～20 厘米时第一次打顶,以后每隔 15 天摘心 1 次,共摘心 3 次,大暑后停止摘心。每 667 米² 可产干花 100～150 千克。在生长期注意防治叶枯病、萎黄病、根腐病、霜霉病、菊蚜、菊天牛等病虫害。

3. 款冬花栽培技术 款冬花为多年生草本,以花入药。高 10～25 厘米,花期 1～2 月份,果期 3～4 月份。喜温凉湿润气候,怕热、怕旱、怕涝,适宜温度为 15℃～25℃。忌连作。

种植管理:根茎繁殖,用新生根茎剪成 10 厘米长的小段,每段有 2～3 节,在畦面上按行距 15 厘米横向开沟,沟深 6 厘米,按株距 10 厘米放入根茎,覆土、浇水。每 667 米² 需鲜根 25～30 千克。种植前整地,施基肥 2 500 千克。幼苗出齐后间苗,最后按 10 厘米定苗。5 月中下旬以后,每隔 15 天松土除草 1 次。幼苗期不追肥。生长后期追肥 3 次,分别在 9 月上旬、9 月下旬和 10 月下旬,每次追施多磷型复合肥 15 千克/667 米²。在幼苗期要常浇水,雨季注意排水。6～7 月份疏叶,改善光照条件。生长期注意防治褐斑病、枯叶病、蚜虫等病虫害。

栽种当年"冬至"前后采收。花未出土时挖取花蕾和花梗,晾干后筛去泥土,去净花梗,晾至全干或烘干。每 667 米² 产干花 60 千克左右。

(二)根及地下茎类中药材 根及地下茎类中药材多为耐阴和半耐阴植物,最适宜在林下种植。杨树林地郁闭度在 60% 以下,可间作半耐阴类中药材,如丹参、地黄、山药、黄芪、板蓝根等。郁闭度达到 60% 以上时,应间作耐阴中药材,如人参、党参、白术、百合、桔梗、半夏等。

1. 半耐阴类中药材栽培技术

(1)丹参 丹参为多年生草本,以根入药。高 40～80 厘米,花期 5～8 月份,果期 7～10 月份。喜温、喜光,也耐阴、耐寒,北方可露地越冬。丹参采用播种繁殖、育苗移栽法。3月中下旬播种。条播,行距30～40厘米,沟深1厘米左右,播后覆土0.3厘米。待幼苗高6厘米时间苗,5～6月份定植于大田。定植前整地,每667米²施基肥1 500～2 000千克,深耕30厘米,耙平、做畦。按行距40厘米,株距25～30厘米定植。生长期中耕除草3次,分别在5月份、6月份和8月份进行。追肥3次,每次追施复合肥15千克左右。花期剪除花穗,有利于增产。同时,注意防治根腐病、银纹夜蛾、棉铃虫、蚜虫等病虫害。每667米²产干根200～250千克。

(2)地黄 地黄别名酒壶花、生地、熟地、干地黄等。以根茎入药。多年生草本,高20～40厘米,花期4～5月份,果期5～6月份。喜光、稍耐阴,忌连作。一般为根茎繁殖。7月下旬至8月上旬把根茎截成5厘米左右根段,按行距20厘米,株距8～10厘米栽植,待春季挖出作种栽。每667米²用种约20千克。栽种时间:北方一般在4月中下旬下种。行距40～50厘米,株距30～40厘米,每667米²栽3 500～5 000株。用种量15～20千克。种前整地,每667米²施厩肥3 000千克,饼肥100千克,起垄种植较好。

田间管理:①中耕除草。前期浅锄,后期一般不锄,除草3～4次。②追肥。生长前期追氮肥,第一次追尿素15～20千克,第二次追复合肥15～20千克。③摘蕾。及时摘除花茎,以免养分消耗。待叶片渐枯黄时采收,每667米²产鲜地黄1 000～1 500千克。

(3)山药 别名怀山药、白山药等。多年生缠绕草质藤本,茎长2～3米,块茎肉质,圆柱形,长1米左右。花期6～8月份,果期9～10月份。性喜温暖,较耐寒,对气候要求不严,应在沙壤土林地种植。土壤黏重的林地不宜种植。

主要采用芦头繁殖和珠芽繁殖:①芦头繁殖。10月下旬茎叶枯黄时,挖取山药,选颈短、芽饱满的芦头,长15厘米掰下晾4～5天后沙藏,待翌春解冻后栽种。按行距30厘米、宽20厘米、深15厘米挖栽植沟进行条栽。16～18厘米种一芦头,平放沟内,覆土、浇水。②株芽繁殖。10月下旬，茎叶枯黄时，及时采摘叶腋间的球形珠芽，用干沙埋藏。春季土壤解冻后取出播种。按行距20厘米，株距10厘米挖穴，每穴放入珠芽2～3粒，覆土、浇水。15天左右出苗。翌年秋后控出小块根作种栽。栽前整地、施肥，每667米²施厩肥2 000千克，复合肥30千克，深耕30厘米，耙平、整畦、栽植。每667米²产山药（毛条）3 000千克左右。

田间管理：①搭支架。苗高30厘米时搭支架，牵引茎蔓向上生长。②追肥。幼苗期追一次稀薄粪水，夏季旺长期间隔20天追1次复合肥，每次每667米²施10～15千克，连追3次。③防治病虫害。生长期防治炭疽病，褐斑病，红蜘蛛等病虫害。

（4）黄芪　别名绵芪、绵黄芪。多年生草本，高50～80厘米，以根入药。花期6～8月份，果期8～9月份。性喜凉爽气候，耐旱、耐寒，忌涝，怕高温。适宜沙壤土林地种植。多采用种子繁殖。播前需用开水催芽。将种子放入开水中搅拌1分种，立即加入凉水，调至40℃，浸泡24小时，将水倒出，加覆盖物闷24小时，待种子膨胀或种皮开裂时播种。多采用直播法，春、夏均可进行；分别为3月中下旬、7月上中旬，按行距25～30厘米、深3厘米、播幅10厘米条播，覆土厚2～3厘米。每667米²播种量1.5千克左右。

种植管理：种前整地施肥。每667米²施厩肥或堆肥3 000千克，深耕30厘米，耙平、整畦、播种。待苗高4～5厘米时间苗，10～12厘米时定苗，株距8～10厘米。垄上直播的，苗高15厘米时，按株距10厘米，两行交叉定植。每667米²留壮苗2.2万～2.4万株。

幼苗期及时中耕除草，生长期需进行中耕除草3～4次。追肥：第一、第二年内，每年追肥3次，第一次在5月上旬，追施尿素，每667米²10千克；第二次5月下旬或6月上旬，追尿素10千克；第三次在6月下旬至7月上旬，追复合肥20千克。第三年春再追1次速效化肥。7月份要控高打顶，减少养分消耗。注意防治白粉病、紫纹羽病、豆荚螟、蚜虫等病虫害。

(5)板蓝根　板蓝根别名兰靛。以根入药,为 2 年生草本,高 40～90 厘米,花期 5 月份,果期 6 月份。对环境、土壤要求不严。一般用种子繁殖。可春播或夏播,春播在 4 月上中旬,夏播在 5 月下旬。以条播为宜。播前种子用 40℃温水浸泡 4～6 小时,用草木灰搓拌均匀。然后按行距 20 厘米,开一条 1.5 厘米深的浅沟,将种子均匀撒入沟内,覆土 1 厘米,稍压实,浇透水,5～6 天出苗。每 667 米² 播种量 1.5 千克左右。种前整地、施肥,每 667 米² 施堆肥 2 500 千克左右、复合肥 30～40 千克。

田间管理:苗高 7～8 厘米时,及时间苗,苗高 12 厘米,按株距 7 厘米定苗。定苗后及时松土除草。追肥一般在 5～6 月份进行,每 667 米² 追饼肥 40 千克,复合肥 10～15 千克。结合追肥浇水,干旱时补水。注意防治霜霉病、白粉病、小菜蛾、蚜虫等病虫害。

2. 耐阴类中药材栽培技术

(1)人参　人参以根入药。多年生宿根草本,高 30～60 厘米,花期 6～7 月份,果期 7～8 月份。性喜湿润冷凉气候,耐寒。属阴性长日照植物,喜斜射和散射光,忌强光和高温。生长适宜温度为 20℃～25℃,适宜在富含腐殖质的沙壤土中生长。忌连作。繁殖多采用种子育苗移栽。播种可伏播、秋播或春播。以伏播为好。于 7 月底(中伏前)播种。播种方法以点播为好,株行距 6 厘米×6 厘米,每穴播种子 2 粒,每平方米用种量约 14 克。

播前整地施肥。种人参林地需进行 3 次以上耕翻,由浅入深。第一次耕翻,每 667 米² 施入 5%辛硫磷颗粒剂 1 千克,消灭地下寄生虫。第二次耕翻,施入 50%肥・锌・福美双可湿性粉剂 3 千克,以防病害。结合耕翻施腐殖酸肥 40 千克,磷、钾型复合肥 50 千克。

人参移栽,目前多采用:育苗 2 年,移栽后 3～4 年收获,或育苗 3 年,移栽后 5 年收获。移栽时期多采用秋栽,即 10 月中下旬移栽,宜晚不宜早。春栽于早春土壤解冻后立即进行,宜早不宜迟。幼苗挖出后,应选择健壮、须芦完整、芽苞肥大、长度12厘米以上的参苗作种栽。对种栽除须整形,培育"人"字形"边条参"。去掉多余的不定根和须根,只留6厘米长的主根和2～3条侧根。栽植密度为12厘米×25厘米,每平方米33株左右。栽植方法采用摆栽法。按规定的行距开栽植槽,将参苗芦头朝上成30°～40°角摆放,边摆放边覆土,然后搂平。覆土厚为6～8厘米。

田间管理:生育期做到田间无杂草,土壤不板结,年内需进行5次松土除草。林下一般不用遮荫,如有直射光地段,应搭荫棚。人参移栽4年后,应及时追肥;一般于展叶前后追1次饼肥水,每平方米5千克左右。方法是在人参吸收多的部位开沟,以露出吸收根为宜,但不要伤主根。然后将饼肥水均匀施入沟内,待液肥渗入后覆土。生长旺盛期,在人参叶面喷施2%过磷酸钙液肥。一般于花蕾期至立秋前共追肥3～4次。人参不耐干旱,在生育期土壤含水量保持50%左右。干旱时应及时补水。注意防治斑点病、炭疽病、疫病、立枯病、菌核病、蚜虫、蝼蛄、地老虎、金针虫等病虫害。

采收加工:栽培6年左右采挖,9月下旬至10月上旬,参叶变黄时挖参。采用急速高温干燥和慢速低温干燥相结合,加工的人参味浓色正。

(2)白术　别名于术、冬术、浙术。以根入药。多年生草本,高30～60厘米。花期9～10月份,果期10～11月份。性喜凉爽,耐寒,怕高温,气温30℃以上时生长受抑制。对土壤要求不严,怕旱,怕水渍。用种子繁殖、育苗移栽。播前先用30℃温水浸种12小时,捞出用湿布盖好,每天用清水冲淋1次,4～5天后,有少量种子萌动时播种。3月下旬至4月上中旬,地温升至12℃以上时播种。按行距15～20厘米,播幅8～10厘米,沟深3～5厘米,然后将处理的种子撒入沟内,覆土后盖草保温、保湿。每667米² 播种量7～8千克。点播按株行距10厘米×20厘米,穴深3～5厘米,每穴播种 3 粒,7 天左右可出苗。出苗后揭去盖草,及时中耕除草,遇久旱无雨应及时浇水。苗期追肥 2 次,幼苗 2～3 片真叶时追复合肥 10 千克,7 月下旬追复合肥 15 千克。10～11 月份,挖出根茎,除去茎叶、须根,先放置室内摊放通风 3～5 天,然后沙藏。

种植技术:整地,于冬前深翻 40 厘米,翌年春再翻耕 1 次,施入适量基肥,耙平、整畦。移栽时选大小均匀、芽头饱满、顶端细长、尾部圆大呈蛙形的根茎定植。移植时间在 12 月下旬至翌年元月上旬。按行距 25 厘米、株距 20 厘米,开穴栽植,每穴栽 2 株,先覆土 3 厘米,然后按穴施入饼肥,再覆土盖粪防冻害。每 667 米^{2}需术栽 50 千克左右。

田间管理:幼苗出土后做到勤除草,浅松土。5 月中旬植株封行后,只除草不中耕。在生长期追肥 3 次,第一次在 4 月上中旬,每 667 米^{2}追复合肥 15 千克,第二次在 5 月下旬追复合肥 10 千克,第三次追腐熟饼肥 100 千克,复合肥 15 千克。幼苗返青后,及时除草,只留 1 个主茎。7 月上旬现蕾期,除留种外,及时摘除花蕾。注意防治白绢病、立枯病、铁叶病、锈病、芽虫等病虫害。10～11 月份采收,每 667 米^{2}产干品 300～400 千克。折干率 20%。

(3)桔梗　别名铃铛花、梗草等。以根入药。多年生草本,高30～100 厘米,花期 6～8 月份,果期 7～10 月份。主要采用种子繁殖。直播或育苗移栽两种方法,以直播为好。于晚秋 10 月下旬至 11 月上旬播种为佳。春播不得迟于 3 月底。播前用 0.3%～0.5%高锰酸钾液浸种 24 小时,可提高发芽率。播前整地、施肥。每 667 米^{2}施厩肥 2 000 千克左右,加复合肥 20 千克。深翻耙平,做畦。按行距 15～20 厘米开沟,然后将种子均匀撒入沟内,覆盖薄土,上盖杂草或树叶,于翌年 3 月底至 4 月初出苗。播种量每667 米^2 0.5 千克左右。幼苗出齐后,第一次先间苗,第二次定苗,株距按 5～6 厘米留苗,每 667 米^{2}留苗 5 万～6 万株。

田间管理:桔梗前期生长缓慢,易滋生杂草,应及时浅松土除草,保湿保墒。幼苗期追施复合肥 15 千克左右。6 月底增施花期肥,每 667 米² 施磷、钾型复合肥 15～20 千克。翌年春追施磷、钾型复合肥 15～20 千克。花期喷 40% 乙烯利 1 000 倍液,可达到疏花疏蕾效果。生长期注意防治根线虫病、紫纹羽病、炭疽病、地老虎等病虫害。

播后 2～3 年收获,10 月中下旬为采挖适期。每 667 米² 产干品 300 千克左右。折干率 30% 左右。

(4)半夏 别名三叶半夏。多年生草本,以块茎入药,高 15～30 厘米,花期 5～7 月份,果期 8～9 月份。性喜温暖,耐半阴,适宜疏松、肥沃沙质壤土。

一般采用块茎繁殖和株芽繁殖:①块茎繁殖。8～9 月份挖块茎时,将当年生小块茎拣出,用湿沙埋藏,翌年 3 月中下旬种植。行距 8 厘米×8 厘米或 10 厘米×10 厘米,按穴点种,覆土厚 6～7 厘米。每 667 米² 需鲜种 100 千克。种后如土壤干燥应及时浇水。②株芽繁殖。夏秋间,当老叶枯黄时,叶柄下的株芽已成熟,即可随采随种。株行距 8 厘米×8 厘米或 10 厘米×10 厘米开穴,每穴种 2～3 个株芽,覆土 1～1.5 厘米。对落地株芽可采用覆土法,倒苗 1 批,盖土 1 次,以盖住株芽为宜。同时施入适量磷、钾肥。

田间管理:幼苗出齐后要经常浇水,保持土壤湿润。除施基肥外,还要进行 4 次追肥:第一次在 4 月上中旬,齐苗后每 667 米² 追施 1∶3 的粪水 1 000 千克。第二次在 5 月下旬,追尿素 10～15 千克,第三次在 7 月中旬倒苗后,子半夏露出新芽,母半夏重新长出新根时,用 1∶10 的粪水泼浇。第四次在 9 月上中旬,半夏全苗齐苗时,追氮、磷、钾复合肥 20 千克。半夏进入花期,如不留种,应摘去花葶,减少养分消耗。在生长期要及时防治叶斑病、病毒病、红天蛾等病虫害。

块茎与株芽繁殖 1～2 年收获,收获期 10～11 月份。每 667 米² 产干块茎 300 千克左右,折干率 25% 以上。

第三节　林下经济养殖模式

幼龄林郁闭以后,在林下已不能间作农作物时,可以发展养殖业。有养殖经验或规模养殖的农民和承包大户,也可在造林后翌年开始林下养殖。林下种植牧草,如紫花苜蓿、黑麦草等,作为畜禽的饲料来源,结合补喂饲料,促进畜禽的生长发育。林木给畜、禽提供了空气新鲜的生态环境,减少了病害发生;同时,畜禽的粪便又培肥了地力,促进了林木的生长,是一种林、畜、牧结合的高效益生态模式。

一、林下种草养鸡

（一）种植牧草　林下不宜间作农作物时,可间作牧草为养鸡培育饲料。可选择紫花苜蓿品种。每 667 米² 需种量 2.5～3 千克。播前整地施肥。深耕 30 厘米,每 667 米² 施鸡粪 200 千克、复合肥 40～50 千克。耙平,整畦。播种时间分冬播和春播,以冬播为好。冬播在 11 月上中旬,春播在土壤解冻后及时播种。采用条播,行距 20～25 厘米。冬播后及时浇水,春播可先洇地,然后再播种。

4 月上旬浇水,结合浇水每 667 米² 施入复合肥 15～20 千克,促进幼草快速生长。4 月中下旬牧草高 20 厘米时可进划定的牧区放牧。休牧期间,应及时给牧草和林木补浇一水,利用鸡的粪便给牧草和林木追肥,可促进牧草恢复和林木生长。以后按规定时间轮留放牧和休牧。

（二）育雏鸡　于每年春季（3 月初）购买雏鸡、并建雏鸡舍。根据饲养规模确定雏鸡舍建造面积,确定技术人员,固定专人喂养,定时搞好防疫。一般育雏期 40 天左右。4 月中旬,气温升高,牧草高 20 厘米左右时可进入林牧区放牧。

(三)建鸡舍　根据林地面积,确定养殖数量,一般每 667 米^{2}养鸡 100 只左右。每 6.7 公顷可养鸡 10 000 只左右,需建鸡舍 4座,占地 1 600 米^2。鸡舍应建在规定轮牧区的中间,方便放牧。平均每座鸡舍占地 400 米^2,容纳 2 500 只鸡。4 座鸡舍可列为一排建造,也可以两排背靠背建设。鸡舍建好后,四周距鸡舍 5 米用尼龙网围栏,作为鸡临时活动场地。每一侧留一通向轮牧区的通道口,安上门,用时开,不用时关闭。这样设计,很方便使鸡从鸡舍直接进入每一个轮牧区。

(四)划定轮放区　在 6.7 公顷林地内应划分 4 个轮放牧区,每一个轮牧区 1.68 公顷,四周和牧区之间用尼龙网围栏隔开,以防老鼠、黄鼠狼对鸡群的侵害和带入病菌。在种植牧草的林地,每一牧区一般可连续放牧 7～8 天,待牧区草、虫不足时可转换另一牧区。4 个牧区轮换一遍大约 1 个月。

(五)放牧期管理　在鸡进入牧区前 5～10 天,用消毒液对林草地进行喷洒消毒。放牧实行全进全出制,4 月中下旬待牧草长高 20 厘米左右、昆虫繁衍旺盛时进林地放牧。路线由远及近,每天放 3～4 小时,以后逐日增加放牧时间。放养期注意天气变化,在下雨、刮大风前将鸡群赶回鸡舍。为便于鸡群定时归巢和方便补料,应配合训练口令,进行放牧调教。在放牧区应放置足够量的饮水器,及时添水,保持清洁。

为补充饲料不足,要适时补料。放养期间,每天早晨放养前喂食 1 次,投放饲料量占全天量的 1/3。傍晚入舍前根据饥饱程度补食。每一牧区在 1 个月内轮放 1 次,约 7 天,休牧期占 22 天左右。为尽快恢复牧草。促进林木生长,使林地的鸡粪代替追肥,休牧期应及时浇水 1 次。

(六)疾病防治　发现病鸡应及时隔离和治疗,对受威胁的鸡群进行预防性投药,并且定期在鸡饮水器中加消毒液,控制饮水中有害菌群的发生,防止传播。另外,还要按免疫程序进行科学防疫。

散养柴鸡,每年3月初开始在雏鸡房育雏,4月中下旬进林地放牧,5～6月份开始产蛋,11月份柴鸡出栏。公鸡1年可出栏2茬,饲养期5个月,分别于7月份、11月份、12月份出栏。

二、林下种草养鹅

(一)种植牧草　树木定植后,就可以利用林下种草养鹅,一直到树木采伐,全周期饲养,经济效益比间作农作物高得多。适宜养鹅的草种,北方主要品种是黑麦草、白三叶,以种植黑麦草最为普遍。播种前整地、施肥。深耕30厘米,每667米²施入鸡粪200千克,复合肥40～50千克。耙平,整畦。播种时间为9～10月份。采用条播,行距15～20厘米。播后稍加镇压,如土壤墒情不好应及时浇水。待翌年3月份放牧前再浇一水,促进黑麦草快速生长。在放牧期间,视草地墒情及时补水,把地上的鹅粪作为追肥,有利于牧草的快速恢复和林木的生长。

(二)划定轮牧区　按每6.7公顷林地计算,可养鹅1 000只左右。可划分成4个轮牧小区,每小区面积1.68公顷,每一轮牧小区四周用高1.5～2米的尼龙网围栏。每一轮牧小区可连续放牧7～8天,1个月轮放1遍。

(三)建鹅舍

1. 育雏舍　21日龄前的雏鹅舍,要求舍内干燥,空气流通但不漏风,窗户面积与舍内面积比例1∶10～15为好。屋檐高2米,舍内地面比舍外高25～30厘米,用水泥或三合土制成,有利冲洗消毒和防治鼠害。育雏舍前留出2～3米宽作为雏鹅应设运动场地。

2. 肉鹅舍　肉鹅生长快,抵抗力强,饲养比较粗放,所建设肉鹅舍只要上面遮雨,东西北能挡风即可。寒冷地区注意防寒。

3. 肥育舍　肥育舍要求环境安静,舍内光线暗淡,通风良好。要求舍檐高1.8～2米,夯实地面泥土,水槽放至排水沟上。舍内分成若干小间,每间面积为12米²,可容纳50只肉鹅。

4.种鹅舍 要求防寒、隔热性能优良,光照充足。舍檐高1.8~2米,南面留窗户,窗户面积与舍内面积的比例为1∶10~15,每平方米可容纳种鹅2~3只。鹅舍附近要建水池,方便种鹅在水上活动。

(四)放牧期管理 14日龄后开始选择晴天赶鹅到草地上放牧,适应环境。30~80日龄为中鹅期主要以放牧为主,结合补饲中鹅料。进入肥育期后,采取放牧与舍饲相结合,增补饲料,快速肥育出栏。母鹅在产蛋期应以舍饲为主,放牧为辅,每天喂2~3次,每次100~150克配合饲料。产蛋8~9个月后,进入停产换羽期,仍以放牧为主。

(五)防疫 在饲养期间,根据"预防为主,综合防治"的原则控制疾病。保持鹅舍清洁卫生,定期消毒,发现病鹅,早隔离、早治疗,避免疫病传播。严格按照免疫程序,及时接种各种疫苗。采取定期驱虫等防疫措施。

三、林下种草养羊

林下养羊适宜的牧草是紫花苜蓿,其种植方法见林下养鸡部分牧草种植。杨树定植后,于当年秋后(10~11月份)种植紫花苜蓿,待翌年春季开始养羊。生长季节有充足的牧草可全天放养,冬季可收集杨树的落叶集中饲养。林下养羊应以养绵羊为主。鲁西小尾寒羊就是一个优良品种。

(一)建羊舍 根据养羊数量确定建羊舍规模。而养羊的规模是由林地面积来确定的。

林下牧草每667米² 可养羊3只,如有6.7公顷林下草地,可养羊300只。按平均每只羊占羊舍2米² 计算,需建羊舍600米²。规模养殖应建双列式圈舍,选择在地势较高的林下。脊高2.8~3米,后墙高1.5米,中间留1.5米宽的通道,通道两侧设计羊圈,每一单圈宽3.3米,长4米,可容纳羊15只。周围墙用砖砌,为土木结构。圈舍顶用泥、瓦或油毡。两侧后墙留窗,窗下离地面高50厘米处留一通风口,一砖大小,便于冬季堵塞。羊舍周围留3～4米宽的活动场地。便于每天驱赶羊群做适当的运动。

(二)划定轮牧区 每6.7公顷划分成4个轮牧区,每一轮牧区面积1.68公顷。每一轮牧区用铁丝网围栏,或栽植刺槐,剪成高1.5～1.8米的绿篱带,代替铁丝网。槐树叶又可作为羊的饲料。在适合的位置留放牧进出口。每一轮牧区一次连续放牧时间为7～8天,每一个月轮放1遍。休牧期间应及时浇水1次,把羊的粪便作为追肥利用,促使牧草恢复和林木生长。

在每一轮牧区设置饮水器,备好充足的水,使羊自由饮水。

(三)放牧期管理 绵羊每天放牧时间4～5个小时,分上午、下午两晌放牧。早春和深秋应在上午9时以后开始放牧和下午4时以前休牧。夏季应在早晨和傍晚放牧。放牧时要使羊适当运动,每天不超过2500米行程,也不能少于1500米。在牧草充足时、羊能吃饱、不用补饲。进入肥育期(出栏前期),每天要补喂复配饲料,1个月内完成肥育,可出栏。

饲养期间应注意圈舍环境卫生,保持清洁,定期消毒。按照规定程序搞好防疫。发现病羊及时隔离、及时治疗,防止疫病传播。公、母羊要分舍圈养、分群放牧,不能近亲交配。4月龄母羊羔要隔离饲养,公羔要集中饲养。

第四节 杨叶的营养价值及饲用

杨树叶是天然的绿色饲料,适用于牛、羊、鸡、鸭、鹅、兔、猪等畜禽的饲养。利用林木修枝、间伐和秋季落叶,可获得大量的饲料来源,可补充冬季喂养饲料的不足。但是,目前杨叶的利用率极低,并出现很多不协调的现象。有些地方把冬季的落叶收集在一起点燃烧掉。还有的地方对林下落叶既不收集,也不利用,易造成失火。树叶与杂草的燃烧,烧死了大片树木,几年之功毁于一旦,不仅浪费了资源,污染了坏境,还造成了极大破坏性。如果把落叶及早收集起来,作为家禽、牲畜的备用饲料,既节约了成本、促进和改善了生态环境,又可避免破坏性事件的发生。

一、杨叶的营养价值

杨叶的营养价值,早在 20 世纪 80～90 年代,中国林业科学研究院杨树栽培专家郑世锴研究员就对杨叶的营养成分进行过研究。研究结果证明,3 种杨叶(1-69 杨、1-72 杨、1-214 杨)7 月份的粗蛋白质含量为 12.97％～13.56％,低于苜蓿干草和刺槐叶,而高于大麦秸、野干草、甘薯蔓和玉米秸,11 月上旬,降到 10％ 左右。粗脂肪含量为 2.31％～3.35％,与苜蓿和刺槐叶相似,高于大麦秸和野干草。杨叶含有 7 种必需氨基酸和 7 种非必需氨基酸。而含量超过聚合草、鲜玉米叶和玉米秸。杨树鲜叶的总含糖量为 10.17～10.89 克/100 克。杨叶的各营养成分具体数据可见郑世锴研究员主编的《杨树丰产栽培》第八章杨叶饲用部分。

郑世锴先生做了大量的杨叶饲用试验,有"杨叶粉喂长毛兔试验"、"杨叶喂绵羊试验"、"杨叶粉喂猪试验"、"鲜杨叶喂育成奶牛试验"、"杨叶喂鸡试验"等,都取得了很好的效果。农民利用杨叶在喂畜、禽试验地得到了推广应用,降低了成本,增加了效益。

二、杨叶的产量

杨叶的产量与杨树的管理、密度和栽植模式密切相关。集约栽培的速生丰产林,其叶数量、叶面积、叶厚度和叶面积指数都明显高于自然生长的林分。林分密度过大,影响单株树木扩冠,林内光照不足,生长量降低,叶产量会随之降低。栽培模式也是影响杨树生长缓慢的重要原因之一。团状配置的林分进入郁闭期较晚,对杨树的生长有利,杨叶产量也高。建议对密度较大的幼林及时进行间伐,或改造为团状林,改善林内通风透光条件。同时,加强肥水管理,促进杨树速生丰产,提高杨叶产量。

一般能灌溉的林地,在中、幼林期(4～7年生),鲜叶产量每667米² 1 000千克左右,可产风干叶400千克左右,按每只羊每天吃2千克干叶计算(另加其他配合饲料),可供3只绵羊饲用66天,大大降低了冬季饲养的成本。

三、杨叶的加工与贮存

(一)杨叶粉加工　在生长季节杨树的修枝、间伐、采伐获得的青叶,在树枝上至于林下晾晒干后,再用敲打或采集的方法收集干叶。秋后的落叶要及时收集,落叶期至少分3～4次收集并晾晒。防止落叶在地面受潮后发霉腐烂,影响杨叶质量。然后把收集的干叶,用粉碎机磨成粉,装于袋中放于阴凉干燥处可长期保存。

(二)杨叶青贮　杨叶青贮需先建青贮饲料窖。窖宽3～4米,根据青贮数量确定贮窖长度。窖底和四周用砖砌铺,抹水泥。窖顶可做成固定式(用木杆或竹竿固定),或做成泥瓦顶;也可不做顶,待贮满杨叶后用厚0.06毫米的塑料布密封,四周压土。上搭遮阳棚。可用遮阴网或草苫遮阴,防止塑料布日晒老化。

青贮是利用乳酸菌在缺养的条件下,把青绿饲料中的碳水化合物转变为乳酸,不断增加饲料的酸度,当pH值达到3.8～4.2时,就能抑制其他腐生菌的繁殖,使青贮饲料的养分少受损失。

青贮杨叶的适宜含水量为70%左右,如杨叶太干,可在其上洒水调解湿度。然后把杨叶填入窖内。做到填入一层,压实一层,直至规定的堆放高度。逐层踏实后密封,为乳酸菌快速繁殖创造缺氧条件。乳酸菌在30℃条件下繁殖最快,可有效抑制其他微生物的活动,保证青贮饲料的质量。

第七章　杨树团状配置营造
农田防护(用材)林

平原农田防护林建设是国家一项林业重点工程之一。其目的是改善广大平原地区比较脆弱的生态环境。农田防护林有防风固沙、涵养水源、保持水土、净化空气、美化环境、促进农业稳产增产的作用。在 20 世纪 70 年代,平原地区的农田林网建设已大面积推广,并由 60 年代以前单一的防风林带向水、田、林、路统一规划,旱、涝、风、沙综合治理的方向发展,把农田林网建设推向了高潮。农田林网建设的规模在逐年扩大,质量标准逐步提高,防护体系更加完善,平原绿化水平及脆弱的生态环境得到了提高和改善。

平原防护林建设取得了巨大成就,但是在实践中发现存在一定问题,还需要进一步完善和提高。例如,林带两侧胁地问题、林带树木幼龄期主梢风折问题、影响机械化操作问题、生产活动中带来不便问题等。要解决好这些问题,就需要在防护林建设的基础上进一步完善,在栽培模式上通过技术创新来解决。

第一节　林带行状配置
在生产中的问题

目前,在平原地区的农田林网建设均为行状配置的林带,如一路两行树、一路四行树等,均为等株距和等行距栽植。其主要防护作用是靠林带阻挡害风、降低风速来实现的。大规模实现农田林网之后,由于多条林带的连锁反应,可以明显改变农田小气候。

第一节 林带行状配置在生产中的问题

行状配置的林带防护作用是明显的。但是这种行状栽植模式在 20 世纪 80 年代以前,人民公社未解体,耕地由大队、生产队集体经营的情况下是切实可行的。进入 80 年代,农业经济体制改革,逐步实行了家庭联产承包责任制后,在林网建设中就出现了许多新问题。如林带胁地影响了相邻农户农田的产量,而远离林带农户农田的产量不但不减,而又有增产,这些在利益分配上不均的现象突现出来,直接影响农田林网的发展,现有林网也遭到了不同程度的破坏。在技术上也存在一定缺陷。

一、林带树木风折问题

林带树木的风折数量大于成片定植的林木,也大于散生林木和孤立木。1～3 年生树风折较重,风折的树种主要是速生杨。如中林-46 杨、2025 杨、欧美 107 杨等,白杨派的三倍体毛白杨风折也较重。分析风折的原因有两条:一是树木生长快,速生杨主干年生长高度可达 3～4 米高,木质化程度差,难以阻挡超自身能力的大风侵袭。二是林带均匀栽植,形成树墙式,大风的冲击力主要是林带的上部新梢部分,造成林木上部主干(主梢)折断。林带树木风折又造成了林相不整齐,直接影响了防护效果。

二、林带树木胁地问题

林带胁地是一个普遍现象,也是农民反映强烈的问题,是造成农田林网大面积推广的主要障碍之一。笔者在 20 世纪 90 年代对林带胁地问题进行了多次系统调查。调查结果证明:南北走向的林带,东西两侧胁地面积宽为 10 米,使小麦减产 22.1％,玉米减产 42.6％。东西走向的林带,南侧减产带宽为 4 米,北侧减产带达 12～15 米,减产幅度大于南北走向的林带。农田林网虽然是减产一条线,增产一大片,但是农民看到林木两侧明显减产,因此不愿意在自己的地边栽树,至于增产部分又不是植树户的农田,又涉及到利益分配问题,在施工过程中很难解决好这些问题。特别是在工程造林项目中矛盾更加突出。例如,农业综合开发项目,土地整理项目、农田防护林建设项目在施工中都遇到了类似问题。修路、栽树很难做通群众工作,勉强栽上了树也会不同程度遭到损坏和破坏,造成林相不整齐,缺株断带现象到处可见。因此,只有创新栽培模式、采用团状造林,使树与树之间拉开距离,形不成树墙式遮荫,使林带边缘的农田作物能正常生长,这样可以把林带的减产带变成平产带。

三、林带树木影响耕作问题

在平原农区,多数地块为南北走向,东西宽度少则几米,多则十几米,20米宽的地块很少。这样就给行状均匀栽植的林带带来不便。因为农民需要拖拉机耕地、收割、拉运庄稼、运送粗肥等项农事活动。如果路边按设计标准2米或3米栽一株树,大型或中型农机具就无法进入农田作业,只有每户留出8米以上的路口让农机进出。这样留得口子太多,整个林带又形成了缺株断带,等于留出了风口,失去了林带的防护效益,这种农林之间的矛盾至今没有得到妥善解决。

四、林木生长受限问题

在农田林网建设中,高标准林带为一路两沟四行树。如东西走向的林带即一侧栽植两行树,株距一般是3米,行距只有1米。这样,每一株树冠扩展的范围是东西两侧各1.5米,行内只有0.5米,不受限的方向只有一侧(靠南一行树向南扩展,靠北一行树向北扩展)一般能扩展3米左右。计算1株树的营养面积最大只有10.5米^2。这与杨树一般需求的营养面积30米^{2}相比减少了19.5米^2。由于人为改变了林木的自然生长规律,限制了树冠的扩展,明显减少了叶面积,降低了光能利用率。因而,材积生长量受到了限制,栽植的速生杨却变成了"缓生杨"。农民采伐木材的收入将明显减少。

在农田防护林建设上,过去以突出防护的作用为主,忽视了林木的快速生长及农民的直接经济利益,存在着单纯的防护观点。笔者认为,这种单纯的防护观点至少是不妥的,应该在不影响防护效果的同时,去研究林木快速生长的配置方法,使其由单纯的防护效能改变为防护、丰产双重效能。因此,把农田防护林工程改为农田防护用材林工程更符合现实、贴近民生。

第二节　团状配置农田防护林的原理及作用

一、改变气流形式,减少林木风折

行状栽植的林带是靠林带形成树墙阻挡强气流,使强气流从林冠上通过,这样就形成了由林带全部承受强气流的冲击力来完成的。当栽植的幼龄树或中龄树难以承受强气流冲击时,林木主干延长的新梢就会出现风折。

团状配置的树木可以改变和分割大气流向,由一次阻挡变两次阻挡,使风速降低,减轻林木风折。例如,一路四行树的东西走向主林带(路一侧两行树),行状林带气流从树冠上方通过,阻挡气流的主要靠外侧一行树,内侧一行阻挡作用很小,外侧一行树风折株数就多。而团状配置,团与团之间(路一侧)留有 3~4 米的空隙,使小股气流从两树团之间通过,把大气流分割成若干个小股气流,剩余的大气流从林冠上层通过。当小股气流通过路一侧的团状树之后,进入路另一侧团状树时,又把这一股气流分割成两股气流。经过两次分割即两次降速,使强气流变成了弱气流,对农作物造不成危害。同时,也降低了上层大气流的速度,林木风折会大大减少。

二、解决林木胁地，实现林丰粮增

团状配置间距在 10 米左右，达到中龄林或成熟林时，两树团树冠之间仍有 3～4 米的空间，阳光可从树团间隙中射入农田。树冠遮荫部分形不成墙式阴影，而是移动阴影，遮阴时间短暂，增加了农田作物的光照时数，解决了带状造林的林阴带固定、遮阴时间较长的问题，使林带边缘的农作物基本满足对光照的需要。由于改善了农作物的光照条件，使原行状配置形成的减产带变成了平产带。同时，林木本身也得到了充足的光照条件，又扩大了林木的营养面积。据初步测定，团状林带比行状林带材积生长量提高了30％以上，可实现林丰粮增产的目标。

三、方便机械作业，有利林木保护

团状配置的林带，两树团之间留有 8～10 米宽的光能营养带，既改善了林木对光能的吸收，也给林带边缘的农田留出了机械作业的进出口，农机具在农田进行各项作业时，也不会受到任何影响，这样林木也不会因耕作等农时活动损伤树木。新的配置方法解决了耕作不便的问题，农民从有意损坏树木向保护和爱护林木的思想转变。这样，对林木的生长及管理都会起到积极作用。

树团之间留出 8～10 米不栽树，会不会影响防护效果？笔者认为不会受到影响，因为另一侧林带配置时，树团正对准 8～10 米宽的断带中间，当强气流侵袭时，由于双行团状林带的相互作用，会进一步提高防护效果。

四、加快林木生长，增加农民收入

团状配置可扩大光能营养面积 1～2 倍。行状定植的两行林带,平均单株营养面积只有 10 米² 左右,而团状配置的林木,树冠两侧可以任其扩展,只有团内的一个方向树冠扩展受限。平均单株营养面积可达到 24 米²,能基本满足林木正常生长的需要。据调查,8 年生团状树(3 株团)平均胸径 24.3 厘米,单株材积0.314 8 米³。而一侧两行 3×1 的中林-46 杨,平均胸径只有 16.4厘米,平均单株材积 0.116 9 米³。是团状树单株材积的 37.1%;而且团状培育的都是大径材,而行状林带培育的多为中径材,平均每 1 米³ 木材又相差 200 元左右。如果按一般网格计算(400 米×600 米),行状林带 3×1 配置可植树 1 333 株,定植 8 年可生产木材 155.8 米³,中径材按现价 600 元/米³ 计算,产值为 93 480 元。3 株团状配置的林带按(2 米×1 米)×8 米的密度定植,每网格植树 750 株,可生产木材 236.1 米³,大径材按 800 元/米³ 计算,产值为 188 880 元。比双行带状林增加木材 80.3 米³,增长 51.5%;产值增加 64 240 元,提高 68.7%。无论是材积还是产值增长都是十分明显的,而且每一网格节省树苗 583 株,可节约大量的资金和用工费用。

　　总之,团状配置的农田防护(用材)林建设,是在行状防护林的基础上形成的。它利用农田防护的原理,总结 30 年来农田林网建设的经验和存在问题,以科学发展观为指导,以贴近民生为主线,以防护效益与经济效益为目的的建设目标而提出的,并付诸实施。

　　团状配置的农田林网建设目前发展面积很小,配置模式栽植方式等可借鉴的经验和数据不足,需要林业科研人员和林业工作者进一步研究、完善、尽快在生产上大面积推广应用。

第三节　团状配置农田林网规划设计

　　农田林网建设要坚持"水、田、林、路统一规划,旱、涝、风、沙综合治理"的原则。建成以路网、水网、林网三网合一的生态林网体系。

一、网格大小的确定

网格大小是以林带高度为依据，以风沙危害程度为对象，结合本地区的实际具体确定。林带的有效防护范围是 20 倍树高，即网格内背风面 15 倍树高，迎风面 5 倍树高。如树高 15 米，有效防护距离为 300 米；如树高 20 米，有效防护距离为 400 米。因此，主林带间距应设计为 300 米，最大不超过 400 米。副林带间距可适当放宽，可设计为 500～600 米。因不同地区风沙危害程度不同，网格大小可在有效防护范围内适当变动（表 7-1）。

表 7-1　不同风沙危害区域网格设计

区　域	主林带间距 （米）	副林带间距 （米）	网格面积 （米²）
风沙危害严重区	300	400	180
风沙危害中度区	350～400	450～500	236～300
风沙危害轻度区	400	500～600	300～360

二、路网、水网设计

路网由乡级路、村级路和农田路组成，以农田路为主要框架。道路两侧为水网，形成一路两沟的结构形式。

（一）道路宽度与高度　乡级路一般路面宽为 8 米左右，高度为地面以上 30 厘米。村级路一般路面宽为 6 米左右，路面高出地面 20 厘米。农田路宽为 4 米左右，路面高出地面 10～15 厘米。

（二）水网设计　水网建在道路两侧，与道路平行延伸。乡级路两侧水渠，上口宽 1.5 米、下口宽 1.2 米、深 0.7 米。村级路两

侧水渠,上口宽 1.2 米、下口宽 1 米、深 0.6 米。农田道路两侧水
渠,上口宽 1 米、下口宽 0.8 米、深 0.5 米。

三、团状林带设计

林带随路渠设置,形成路、水、林三位一体的生态结构形式。
林木以团状形式定植在路两侧的渠沿边。根据主林带和副林带确
定团状定植模式和栽植密度。

(一)主林带团状配置　在北方地区,主要风害是北风和南风,
因此主林带应设计为东西走向。南北走向的林带为副林带。

1. **乡级、村级路主林带团状配置**　东西走向的乡级路林带为
主林带。路两侧水渠宽度为 1.2～1.5 米,应定植三角形 3 株团,
团内株距为 3 米×1.5 米,邻路内侧栽 2 株,株距 3 米,外侧栽 1
株,距内侧 2 株 1.5 米。两树团间距(距树团中心点)10 米。东西
走向的村级路主林带,3 株团配置,邻路一侧栽 2 株,株距 3 米,外
侧栽 1 株,距内侧 2 株 1.2 米。两团树间距为 8 米。具体配置模式
见图 7-1。

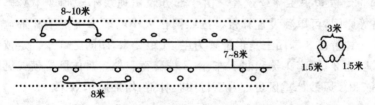

图 7-1　乡级、村级路主林带团状配置示意图

2. **农田路主林带团状配置**　东西走向的农田道路为主林
带。配置形式有两种:①3 株团三角形配置。邻路一侧栽 2 株,
株距 2 米,外侧栽 1 株,距内侧 2 株距离为 1.2 米。团间距 8 米
左右。②3 株团线段型配置。邻水渠靠路一侧定植 3 株,株距 2
米,形成直线形线段,与路平行。团间距 8 米左右。两种配置模

式见图7-2。

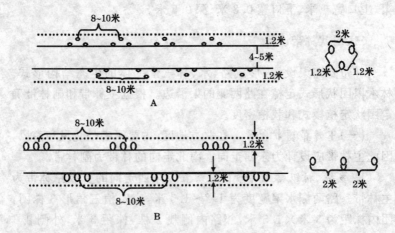

图7-2 农田路主林带团状配置示意图

A. 农田路主林带三角形团状配置

B. 农田路主林带线段型团状配置

3. 农田内主林带设置 由于部分农田地块不规则或不必修路等原因，可单独设置林带。按照网格大小的要求确定主林带位置。林带以3株团三角形配置为主，株距2米，团间距6米。定植时以北2株、南1株和北1株、南2株交替栽植。具体配置模式见图7-3。风沙严重区可配置双行团状林带，增加防护效果。

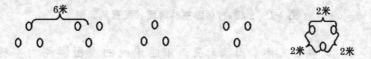

图7-3 农田内单设主林带团状配置示意图

单独设置的林带因没有水渠，栽植要深栽20厘米，防止上层根系影响农作物生长发育。

(二)副林带团状配置　南北走向的林带为副林带。南北走向的乡级路和村级路副林带设置与主林带相同。

1. **农田路副林带配置**　南北走向的农田路副林带配置有两种模式,各地应根据具体实际选择。①3株团三角形配置。邻路一侧栽2棵树,株距2米,外侧一株距内侧2株距离1.2米。团间距10米左右。②4株团菱形配置。邻路一侧栽1株,与路垂直对应的另一株树距离为1.2米,与路平行的2株距离3米。团间距为10米左右。两种配置模式见图7-4。

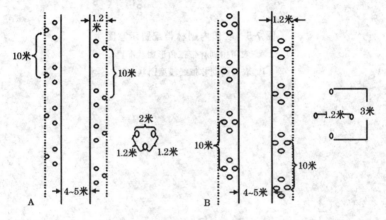

图7-4　农田路副林带配置示意图

A. 农田路副林带三角形团状配置

B. 农田路副林带菱形团状配置

2. **农田内副林带配置**　在农田内单设的副林带,可采取两种配置形式。①3株团三角形配置。均按北2株,南1株定植,株距2米。团间距8米左右。②3株团线段型配置形式。团内株距2米,团间距8~10米。两种配置模式见图7-5。

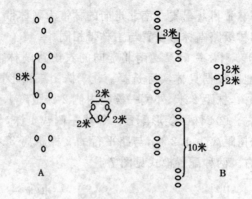

图 7-5　农田内副林带配置示意图

A. 农田内副林带三角形团状配置

B. 农田内副林带线段型团状配置

第八章　杨树团状配置与粮、棉、油农作物复合经营

第一节　杨农复合经营的意义和作用

杨农复合经营是农林复合经营系统中的一个重要组成部分。所谓农林复合经营(也叫混农林业)是广大劳动者在长期的生产实践中不断总结历史经验、合理利用土地的一种经营方式。随着科学技术的发展,这种经营方式不断进行总结和完善,把林业、农业、畜牧业、土地资源等紧密地联系在一起,把生态经济学的观点普遍应用于大农业的实践中;打破了传统的单一经营模式,在不影响农作物产量的前提下,使单位面积的综合经济效益明显增加,同时改善了生态环境,合理利用土地资源,形成高产、高效、优质和可持续的生产体系,这就是农林复合经营的具体体现。

杨树团状配置与农作物复合经营是广大平原地区推广农林复合经营的主题。充分利用广大农村的土地资源,选择好杨农间作的窄冠型品种,采用科学合理的栽培技术,按照团状配置的方法,每 667 米^2 定植 2~3 团(6~9 株),既不影响粮食产量,又可培育出大径木。这种栽植模式可以在广大平原农区推广应用。

近几年来,世界许多国家也在积极研究、总结农林复合经营的经验,在生产中推广应用。这一新的发展模式引起了联合国的高度重视,联合国环境与发展委员会"我们的共同未来"文件中明确指出"林业可以渗透到农业之中。农民可以用农林复合经营系统生产食物和燃料。在这样的系统中,一种或多种树木可以与一种

或多种粮食作物或动物在同一块土地进行种植或饲养。这种技术特别是对小农经济和土地贫瘠的地区尤为适用。"

一、杨农复合经营的意义

（一）是建设生态农业的需要　随着人民生活水平的不断提高，人类对生存质量的要求也越来越高。人们在追求产量和效益的同时开始追求生活质量，已清醒地认识到传统的不科学的生产方式对人类的生活质量造成影响。例如，在小麦、玉米等粮食作物的管理过程中，大量使用农药、化肥，造成粮食中农药、化肥残留量超标，部分农药、化肥渗入土壤中，又造成土壤污染和地下水污染，严重影响着人们的身体健康，疑难杂症病例增多。随着工业的快速发展，废气排放量增加，又对空气造成污染。解决这一问题只有在抓好工业节能减排的同时发展生态农业。杨农复合经营就是一种最佳的生态农业模式。按照团状配置与农作物长期间作，既可培育杨树大径木，又可以明显起到防护效益，使粮食增产；同时，树木吸收二氧化碳，放出氧气，并对排放在大气中的二氧化硫、氮氧化物及粉尘有明显的吸收和阻挡作用。树木根系吸收土壤下层渗漏的水分，又可以把渗漏地下的农药、化肥吸收到树木本身，存留于木材中，起到了减轻土壤污染、净化地下水的作用，又合理利用了渗漏的水分和养分。

（二）是转变农业增长方式的一项创新　传统的农业经营方式在生产力充分得到解放，农药、化肥等生产资料供应充足的前提下，粮食产量和效益的快速增长已经受到限制。推广杨树团状配置与农作物复合经营是转变农业经济增长方式的有效途径。从技术上讲是农业增效的一项创新，从推广上讲是农民增收的一场革命。笔者认为，要落实一项创新技术，首先要解决人的思想认识和科技意识。任何一个新生事物的出现都有一个由不认识到认识的过程，在解决好这个认识过程中还需要付出极大的努力才能实现。

需要林业、农业等相关部门的科技工作者积极向广大群众广泛宣传,抓好示范试点工作;需要各级政府部门,特别是县、乡(镇)、村三级干部作为农民增收的一件大事纳入议事日程,发动群众、组织群众狠抓落实;需要干部党员和农村的致富能手、科技能人带头示范,做给农民看、带着农民干,才能把这一转变农业经济增长方式的绿色生态革命进行到底,普及于平原大地。

二、杨农复合经营的作用

(一)**科学利用土地和光能资源** 土地是万物生存的基础,光照是万物生长的源泉,发展现代农业的基础就是合理利用好土地和光能资源。在广阔的农田中,每 667 米² 地配置 2~3 团杨树,利用地界栽植,既不影响农作物产量,又不影响机械化作业。过去搞带状复合经营,林带下形成固定的遮荫带,遮荫时间长,阻碍农作物对光的吸收。调查数据证明,林带一侧有 4 米的减产带,小麦减产 21%,玉米减产 42%以上。距林带树 4~8 米为平产带。8 米以外为增产带,两林带之间平均产量,小麦增产 17%,玉米减产 1.5%。带状间作模式综合经济效益是增加的,但树下有 8 米(一侧 4 米)的作物减产幅度较大。如果把林下减产带变成平产带,单位面积的综合效益会大大提高。团状间作模式就可以解决林下农作物减产问题。因为树团与树团之间的距离在 15 米以上,按长成胸径 30 厘米的大树,两团树冠之间仍有 8 米左右的空间,阳光从树团之间的空间射入农田,可满足农作物对光的吸收。树团的树冠阴影是移动性的,影响作物光照时间是短暂的,不会造成作物减产。因此,杨树团状配置是提高土地利用率和光能利用率的最佳立体结构模式。

(二)**促进林丰粮增** 杨树团状栽植时采用深栽深挖树盘等技术措施,促进杨树快速生长。通过深栽的杨树,耕作层无根,根系主要分布在 40 厘米以下,充分吸收渗漏下层的水分和养分。在给农作物灌溉时,由于树团下深挖树盘 20 厘米,可存留灌溉水,增加渗透深度,可满足林木对水分的需求,给团状树生长提供了充足的水分、光照和空间。据调查,6 年生团状配置的中林-46杨胸径平均 26 厘米,平均每年胸径生长 4.5 厘米。按平均每年生长 4 厘米,10 年生中林-46 杨,胸径可达到 40 厘米以上,单株材积 1.1 米^3。如果每 667 米^2 定植 3 团(9 株),667 米^2 可产材9.9 米^3,平均每年生长 0.99 米^3,相当于 667 米^2 纯林年生长量的 66%。

团状配置的杨农复合经营农田,作物不但不减产,而且增产明显。特别是对小麦干热风的防治,可使小麦增产 10%~20%。按增产 10% 计算,每 667 米^2 产小麦 500 千克,可增产 50 千克。夏秋之交平原地区大风较多,七级风以上会对玉米造成严重倒伏减产,甚至绝收。团状树有明显的防风效果,由树木的阻挡作用降低风速,树团本身又可以把大气流分割成小气流,从而减轻大风对秋季作物的危害。

(三)促进林业产业发展　在平原地区发展林产工业,是增加地方财源、繁荣平原经济、增加农民收入的可行之路。在广大的平原农区,一无钢铁资源,二无煤炭资源,与山区比较显得工业发展滞后,束缚着平原经济的快速发展。杨树是最适宜平原地区生长的速生树种,又是一种可再生资源,可以永续利用,持续发展。

杨树团状造林是培育大径材的最佳栽植模式,如果在平原地区得到大规模推广,那么广大的平原农区将会形成林产工业基地,广大农户都是基地的一员,形成"公司+基地+农户"的林业产业模式。这一模式的推广应用,将会给平原地区的林产工业注入新的活力,得到持续发展。

第二节　杨农复合经营模式设计

一、适宜复合经营的农作物品种范围

在广大平原农区主要经营的农作物有三大类。一是粮食作物，主要品种有小麦、玉米、大豆，还有谷子、高粱、绿豆、扁豆、豌豆等小杂粮品种。二是棉花。三是油料作物，主要品种有花生、油菜、芝麻等。总之，所有的农作物种植区都是杨农复合经营的适宜范围。

二、杨树品种选择

杨农复合经营应选择树冠窄、根系深、生长快的杨树品种为首选品种。如窄冠黑杨 1 号、2 号、11 号、055、078，窄冠白杨 1 号、3 号、6 号，窄冠黑白杨等，这些窄冠型杨树是山东农大庞金宣教授等人花费 30 年时间针对广大农区间作而选育的适合与农业复合经营的杨树品种，经多点试验获得了林丰粮增的效果。欧美 107 杨、欧美 108 杨是中国林业科学研究院张绮纹研究员从意大利引进的欧洲黑杨良种，该树树冠较窄、生长迅速，已在平原农区大面积推广，是复合经营的良种。丹红杨、巨霸杨是中国林业科学研究院韩一凡研究员选育的美洲黑杨杂交种，该树树冠较窄、生长快，适宜杨农复合经营。除此之外，凡是在当地表现树冠较窄、生长较快、病虫害轻的品种均可作为当地复合经营品种。随着新品种的不断出现，可陆续纳入杨农复合经营之中。

三、杨树团状配置模式设计

(一)3 株团模式

1. 三角形配置　所谓三角形配置是指每团定植 3 株，而 3 株之间的布局(方位)呈三角形。这种配置形式适合国营林场和农业承包大户推广应用,以大径材和特大径材为培育目标。

(1)团状栽植规格

A.(2 米×2 米)×15 米×15 米　每 667 米² 植树 3 团 9 株

B.(2 米×2 米)×15 米×22 米　每 667 米² 植树 2 团 6 株

以栽植规格 B 的表达式为例说明代表的距离。(2 米×2 米)是指 1 团 3 株树之间的株距均为 2 米,叫团株距。15 米代表树团之间的距离为 15 米,叫团间距(以团内中心点计算)。22 米代表团行间距离为 22 米,叫团行距。

(2)复合经营模式　见图 8-1,图 8-2。

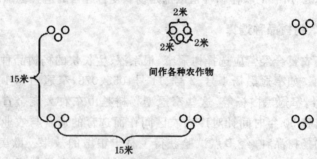

图 8-1　杨树 3 株团三角形配置 A 模式

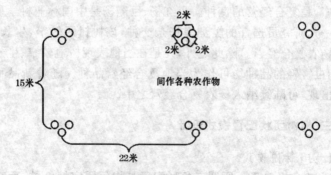

图 8-2　杨树 3 株团三角形配置 B 模式

2. 线段型配置　线段型配置是在原来单行林带的基础上改进而来的。解决了林带树墙式遮荫,同时解决了农田栽树影响耕作的问题。如三角形团状树,团内株距 2 米时,每树团的树盘占地宽 3 米左右,团与团之间的农田无法使用机械耕作。如按线段型定植,栽植 3 株树成一直线,然后间隔 15～20 米再栽 3 株树,每三株树都在一条断开的直线上,解决了耕作、收割等农事活动不便的问题。

线段型 3 株团配置与三角形 3 株团配置的生长量基本相同,3 株树的阴影面积也基本相同。据初步调查,5 年生的窄冠黑杨三角形树团冠幅直径为 6.5 米,而线段型树团直径为 6.6 米,3 株树上部树冠自然形成三角形,与三角形定植的树冠形状相似。形成了树干直线形、树冠三角形。因此,线段型团状树树冠投影面积与三角形团状树基本相同的情况下,解决了机械作业不便的问题。这一模式是在生产实践中发现并总结出来的新型造林模式,有利于平原农区广大农民推广应用。

(1)团状栽植规格

A.(2 米×2 米)×15 米×15 米　每 667 米^2 植树 3 团 9 株

B.(1.5 米×1.5 米)×15 米×22 米　每 667 米^2 植树 2 团 6 株

两种栽植规格的表达式与团状三角形相同。

(2)复合经营模式　见图 8-3,图 8-4。

线段型配置适宜平原农区广大农户应用,可充分利用户与户之间地界栽植,不占用耕地,可获得较高的效益,形成小单元、多群体、大规模的发展格局。

(二)4 株团模式　4 株团模式是充分考虑少占用耕地,基本不影响机械化作业,又不易出现林权纠纷而设计的模式。这一模式的团内株距为 1.5～2 米,利用两户地界植树,每户只占用 0.75～1 米宽,对机械化耕作和收割影响不大,而且树权明确,1 团 4 株树一户占有 2 株,地界上无树。同时又可促进两户之间

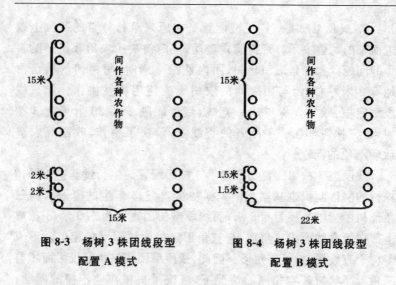

图 8-3　杨树 3 株团线段型　　　　图 8-4　杨树 3 株团线段型
　　　配置 A 模式　　　　　　　　　　配置 B 模式

加强管护。

　　4 株团模式培育目标是大径材和特大径材。模式设计分长方形、正方形和菱形三种配置模式。

　　1. 正方形配置　　正方形配置是指树团内 4 株树的距离是相等的。定植时便于操作，而且树团紧凑，单株生长均衡。缺点是占地略宽一些，对机械作业少有影响。每 667 米² 农田定植 2 团树共 8 株。

　　(1)团状栽植规格

　　A. (2 米×2 米)×15 米×22 米　　每 667 米² 植树 2 团 8 株

　　B. (1.5 米×1.5 米)×15 米×22 米　　每 667 米² 植树 2 团 8 株

　　C. (2 米×2 米)×18 米×18 米　　每 667 米² 植树 2 团 8 株

　　A、B 两种栽植规格适用于南北走向的农田，C 栽植规格适用于东西走向的农田。

　　(2)复合经营模式　　见图 8-5，图 8-6，图 8-7。

　　2. 长方形配置　　长方形配置与正方形配置基本相同。考虑到

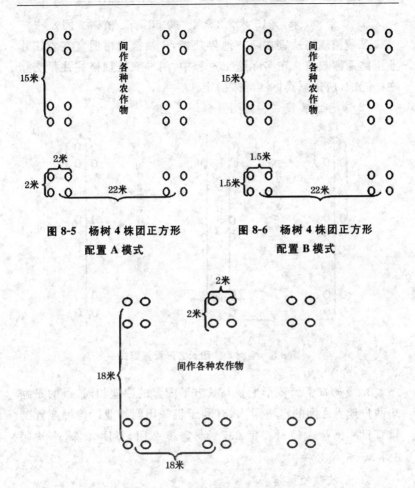

图 8-5　杨树 4 株团正方形　　　　　图 8-6　杨树 4 株团正方形
　　　配置 A 模式　　　　　　　　　　　　配置 B 模式

图 8-7　杨树 4 株团正方形配置 C 模式

机械化操作应尽量缩小团内行距，形成大株距、小行距的配置形式，使农民更容易接受。长方形配置培育目标仍是大径材和特大径材。

（1）团状栽植规格

A.（2 米×1.5 米）×15 米×22 米　　每 667 米² 植树 2 团 8 株

B.（2米×3米）×15米×22米　　每667米² 植树2团8株

A栽植规格适宜在两户地界栽植，B栽植规格适宜在农田作业道路两侧栽植。在实际施工过程中，两种栽植规格往往是交错在一起的，应根据具体实际来确定。

（2）复合经营模式　见图8-8。

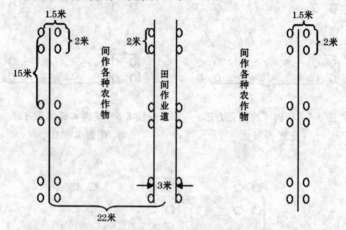

图8-8　杨树4株团长方形配置模式

3. 菱形配置　菱形配置与长方形配置的原理相同，目的是缩短两户地界之间的定植距离，有利于机械田间作业。菱形配置的培育目标仍是大径材。每667米² 定植2团，每团4株，平均每667米² 定植8株树。

（1）团状栽植规格

A.（1.5米×2米）×15米×22米　　每667米² 植树2团8株

B.（2米×2.5米）×15米×22米　　每667米² 植树2团8株

A、B栽植规格适宜南北走向的农田，每一团树南北2株植在地界处，东西2株植在两户农田地界外侧0.75～1米处。4株树分布形成菱形。

(2)复合经营模式 见图8-9,图8-10。

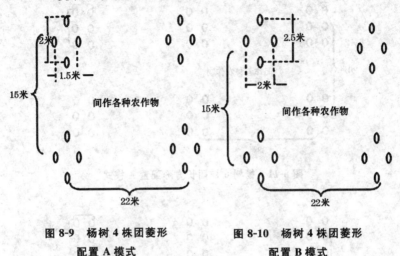

图 8-9 杨树 4 株团菱形配置 A 模式

图 8-10 杨树 4 株团菱形配置 B 模式

(三)6株团模式 6株团模式是栽植两排树,按两户之间的地界栽植,即每一户农田边缘内栽植 3 株,呈长方形排列。平均每 667 米² 农田内栽一团杨树,更适宜农户推广应用。6 株团模式以生产大径材为培育目标,树团均为长方形配置。以上各种模式多为每 667 米² 种 2 个树团,每 667 米² 种 6～9 株树。6株团模式比它们更优越之处是,每 667 米² 只种 1 个树团,仍保持每 667 米² 6 株树,扩大了树团间距,减少了树团胁地面积。为了能将杨树胁地降低到最低限度,这是一种值得推荐的模式。

1. 长方形配置

(1)团状栽植规格

A.(2米×2米)×20米×33米 每 667 米² 植树 1 团 6 株

B.(3米×2米)×22米×30米 每 667 米² 植树 1 团 6 株

(2)复合经营模式 见图8-11,图8-12。

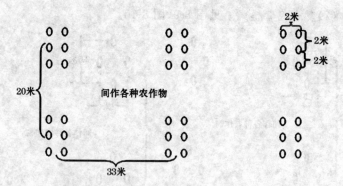

图 8-11 杨树 6 株团长方形配置 A 模式

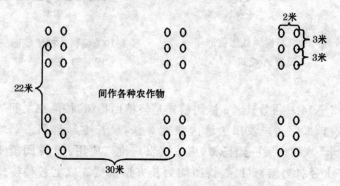

图 8-12 杨树 6 株团长方形配置 B 模式

第三节 团状杨树栽培技术要点

一、定 植

（一）整地 团状杨树定植前需要先整地，根据定植的不同模式有不同的整理方法。

1. **垄沟式整地**　适用于线段型团状树栽培。定植树盘整成穴长 5 米、宽 3 米、深 20 厘米,形成 15 米² 的长方形植树盘。每一树盘之间用垄沟式连接,垄沟内径宽 30 厘米,深 30 厘米。

2. **树盘式整地**　树盘式整地适用于 3 株团三角形配置和 4 株团各类配置形式。各类树盘的大小和深度参考第五章第五节树盘修造。

（二）**挖定植穴**　在已整好的树盘内挖定植穴,按照不同团状树的距离确定植树穴位置。每一植树穴要求长、宽、深各 60 厘米,上层 30 厘米为阳土堆成一堆,下层 30 厘米阴土另堆一堆,待植树时备用。

（三）**选苗定植**　在定植前一定要选好苗木,要求每一团树粗度、高度要一致。如果在一树团内树苗大小不一致,就会出现被压木现象,影响团内树的均衡生长,会降低产材量。定植时先填 10~20 厘米阳土,踏实整平后再放入苗木,先填阳土,树穴上部填阴土,有利于苗木对养分的吸收。

二、浇水、施肥

杨农复合经营定植的团状杨树,在定植第一年需加强管理,保证杨树成活和当年的正常生长。浇水是提高当年成活率和生长量的关键。杨树定植后及时浇第一水;间隔 7~10 天浇第二水促进生根发芽。5 月份是北方地区的干旱期,再加上农作物大量吸水易造成杨树回芽死亡,此时应浇好第三水。6 月份小麦收割后及时浇第四水,促进杨树前期生长。进入 7~8 月份,因降水量增加一般不用浇水,9 月份以后可结合农田灌溉给杨树浇水。翌年以后杨树不必单独浇水,每次给农田灌溉时给杨树浇大水,保证渗透深度达 60 厘米以下,使杨树根系都能吸收到水分。给农作物浇水土壤渗透深度一般在 30 厘米左右,对杨树生长作用不大。因此,对杨树灌溉必须增量浇水。

施肥是杨树速生丰产的基础。但复合经营的杨树正常生长期不必单独施肥,给农作物施肥渗漏的养分可满足杨树之需,达到水分、养分的合理利用。在定植的第一年可以给杨树追肥,促进幼树的根系发展和快速生长。在 6 月份结合浇水第一次施肥,每株撒施尿素 100 克。7～8 月份结合浇水或降雨每株撒施尿素 150 克。以后不必再单独追肥。

三、修　枝

团状杨树定植后第一年一般不修枝,但对于下部萌生枝和上部竞争枝应及时剪除。第二年剪去树干下部第一层轮生枝,修干高度 2～2.5 米。第三年修干高度达到 3.5～4 米,第四年修干高度达到 5.5 米以上。

修枝时应注意与树干修平,不留茬、不伤树皮,培育高干无节良材。修枝时间应在秋季落叶后或春季发芽前进行。

第九章　杨树团状配置与其他经济作物复合经营

在平原农区,除大面积种植农作物之外,还种植着高效益的经济作物。如果树种植、蔬菜种植,各类苗圃、中药材种植等,这些经济作物栽培面积,约占平原农田的 10%。有些市、县经济作物种植面积达到耕地总面积的 40% 以上,并出现了一大批专业乡(镇)和专业村,已成为当地的支柱产业,是农民收入的主要来源之一。但是,目前发展经济作物还是单一经营的模式,处于脆弱的生态环境中。比如,夏季的干热风对叶类蔬菜及幼苗产生危害,早春的霜冻(倒春寒)造成果树冻花,夏天的强光和高温天气影响半阴类蔬菜和中药材苗的生长发育,夏秋之交的大风造成果树落果,各类作物倒伏等灾害性天气都会不同程度造成经济作物减产、农民减收。

杨树是各类经济作物的卫士,在经济作物种植区有计划地团状配置杨树,可明显减免干热风、大风、倒春寒、强光高温等灾害性天气对经济作物的侵袭。同时杨树按计划配置,不会影响经济作物的产量,树木又可增加单位面积的经济收入。在经济作物种植区可提高森林覆盖率 2~3 个百分点,生态环境将会得到明显改善。经济作物与杨树团状复合经营,要根据当地的情况选好适宜栽植的品种。一般应选择树冠窄、根系深的速生杨树品种。目前主要推广的树冠较窄的品种有窄冠黑杨、欧美 107 杨、欧美 108 杨、丹红杨、巨霸杨、L-35 杨、窄冠白杨 1 号、窄冠白杨 3 号、窄冠黑白杨、新疆杨、中林"三北"1 号杨、辽宁杨、窄冠黑青杨等。各地区应根据当地的立地条件选择适宜的品种,或在当地种植的杨树品种中选择表现较好的窄冠型杨树品种。

第一节　杨树团状配置与
果树复合经营

　　杨树团配置与果树复合经营是一种创新栽培模式,其主要目的:一是可防止和减轻花期霜冻造成冻花危害。二是可降低风速,防止和减轻果实成熟前期害风造成大量落果。三是可改善果园夏季光照强度,减轻果实日灼。四是减轻因果园长期喷药造成空气污染和水污染。这一复合经营模式对生产无公害果品、绿色果品将起到积极的推动作用,是新建果园一项新的基础性工作。

一、杨树团状配置与苹果、梨复合经营

　　(一)杨树团状栽植规格　与苹果、梨复合经营的杨树团状配置模式应选择 3 株团线段型和三角形两种。以每 667 米^2 配置 2 团 6 株树为宜。

　　栽植规格:

　　A.(2 米×2 米)×17 米×20 米　每 667 米^2 植树 2 团 6 株

　　B.(2 米×2 米)×18 米×18 米　每 667 米^2 植树 2 团 6 株

　　(二)苹果、梨栽植规格及品种选择

　　1. 栽植规格　为实现早结果、早丰产、早收益的目标,应实行小冠密植栽培。如 2 米×4 米、3 米×5 米,每 667 米^2 栽植 44～83 株。

　　2. 推荐品种

　　(1)苹果

　　①早熟品种　夏红、意大利早红、腾牧 1 号、萌等。

　　②中熟品种　嘎拉、美八、首红、巴雷等。

③晚熟品种　长富2号、富士王、红将军、昌红、惠民短枝、秋富一、岩富10、千秋等。

（2）梨

①早熟品种　绿宝石、丰香、雪青、黄冠、七月酥、早绿、早酥等。

②中晚熟品种　丰水、新世纪、八月红、园黄、鸭梨、锦丰、晚秋黄、红香酥、红梨、玉露香等。

③西洋梨品种　早红考密斯、红考密斯、红安久、凯思凯特、葫芦梨等。

（三）复合经营模式

1.3株团线段型复合经营模式　见图9-1，图9-2。

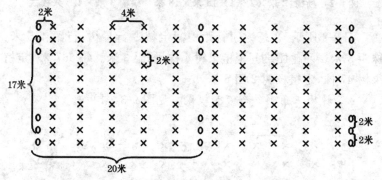

图9-1　杨树(2米×2米)×17米×20米　果树2米×4米模式

图9-1所示，在杨树团行距中间植果树5行，行距4米，株距2米，果树邻杨树行距2米，两树团之间不栽果树。每667米²定植果树83株，杨树2团6株。

本书图中的"×"均代表果树。

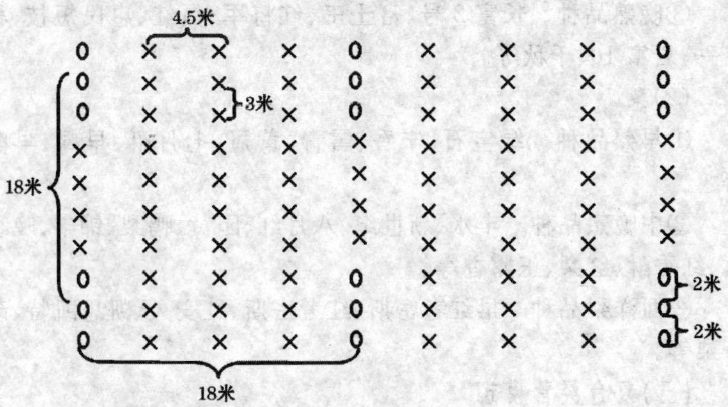

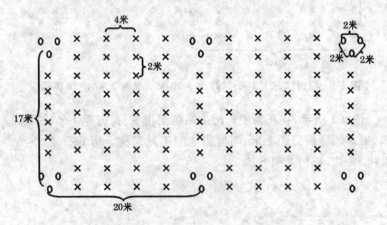

图 9-2　杨树(2 米×2 米)×18 米×18 米　果树 3 米×4.5 米模式

图 9-2 所示,在杨树团行距中间定植 3 行果树,行距 4.5 米,株距 3 米。两树团之间定植果树 4 株,株距 3 米。每 667 米² 定植果树 47 株,定植杨树 2 团 6 株。

2.3 株团三角形复合经营模式　见图 9-3,图 9-4。

图 9-3　杨树(2 米×2 米)×17 米×20 米　果树 2 米×4 米模式

图9-3所示,在杨树团行距之间定植4行果树,行距4米,株距2米。两树团之间定植6株果树,株距2米,邻近团状树的2株果树株距2.5米。每667米² 定植果树78株,定植杨树2团6株。

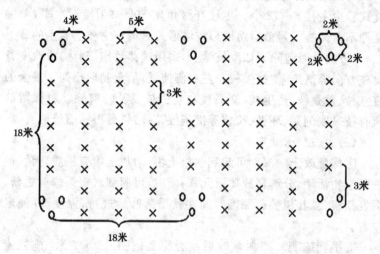

图9-4　杨树(2米×2米)×18米×18米　果树3米×5米模式

图9-4所示,在杨树团行距之间定植3行果树,行距5米,株距3米。邻近杨树的果树行距为4米。两树团之间定植果树5株,株距3米,两端2株距杨树2米。每667米² 植果树41株,定植杨树2团6株。

(四)复合经营技术要点

1. 杨树团状栽培技术要点　杨树团状栽培重点抓好三点。一是把好栽植关,做到深挖树盘,深栽,每团3株树高度和粗度要一致。二是把好浇水关,保证树木成活率和旺盛生长。三是把好修枝关,掌握好修枝时间、修枝次数和树干保留高度,培育成高干无节良材。详细技术请见第八章第三节。

2. 苹果、梨栽培技术要点

(1)整形修剪　密植栽培整形修剪的原则是矮冠、高干、多主枝。树形一般要求为纺锤形或自然开心形。

纺锤形整形修剪：树高 3 米左右，干高 80～100 厘米，全树螺旋式着生主枝 8～12 个。主枝开张角度 80°～90°接近水平，单轴延伸不留侧枝。冠形呈纺锤形或塔形。对每一主枝上着生的背上枝，背下枝及时剪除。如发枝量少，采用选芽目伤(刻芽)或改变背上枝方向等措施，使结果枝向左右侧伸展，呈鱼刺形排列。多余的直立枝、重叠枝、密生枝、交叉枝和病虫枝要及时剪除。对保留的所有枝采取刻芽、环剥、拉枝等措施催花，结果后再回缩修剪。

(2)土、肥、水管理

①深翻改土　深翻可起到疏松土壤，增加土壤有机质含量，促进微生物活动，分解释放矿质元素；同时，可起到对根系修剪更新，促发新根，复壮树势。深翻时间在秋季落叶后进行，深度 30 厘米左右。

②平衡施肥　果树落叶后结合深翻施肥，每 667 米^2 施尿素 30 千克左右，磷酸二铵 40 千克左右，钙肥 100 千克左右，硫酸锌、硼砂各 2 千克左右，适量放入生物菌肥。

③浇水　果树定植后及时浇第一水，间隔 7～10 天浇第二水，5 月份如天气干旱需浇第三水，6 月份浇第四水，7～8 月份降雨量较大，一般不浇水，9 月份浇第五水。果树落叶后浇第六水。遇干旱年份应根据当地情况酌情补水。

二、杨树团状配置与桃、杏、李、樱桃复合经营

(一)杨树团状栽植规格

A.(2 米×2 米)×17 米×20 米　　每 667 米^2 植树 2 团 6 株

B.(2 米×2 米)×18 米×18 米　　每 667 米^2 植树 2 团 6 株

（二）桃、杏、李、樱桃栽植规格及品种选择

1. 栽植规格　随着科技的发展,果树栽培也不断创新,定植密度由原来的中冠树向小冠密植树发展。小冠密植有利于早结果、早丰产、早收益,进入盛果期比中冠树可提前 2 年。其次可缩短品种更新周期,更有利于消费者对新品种果品的需求,为市场营销打好基础。

（1）桃栽植规格

①2 米×3 米　每 667 米² 定植 111 株

②2 米×4 米　每 667 米² 定植 83 株

③2 米×5 米　每 667 米² 定植 67 株

④3 米×5 米　每 667 米² 定植 44 株

⑤（1 米×1 米）×3 米×5 米　每 667 米² 定植 88 株,其中（1米×1 米）是指在一个植树穴中定植 2 株,株距 1 米。

（2）杏、李栽植规格

①2 米×4 米　每 667 米² 定植 83 株

②2 米×5 米　每 667 米² 定植 67 株

③3 米×5 米　每 667 米² 定植 44 株

（3）樱桃栽植规格

①2 米×4 米　每 667 米² 定植 83 株

②2 米×5 米　每 667 米² 定植 67 株

③3 米×5 米　每 667 米² 定植 44 株

2. 品种选择

（1）桃推荐品种

①早熟品种　中油 11、春密、早露蟠、早红油蟠、06-1、大红桃（红不软）、早凤王,雨花露等。

②中晚熟品种　澳洲秋红、晚密、大久保、红岗山、八月脆、中桃 21、瑞蟠 4 号等。

（2）杏推荐品种

①鲜食品种　凯特杏、红丰杏、香白杏、兰州大接杏、大棚王杏、菜籽黄杏等。

②鲜食加工兼用品种　金太阳杏、大红杏、串枝红杏、红玉杏、仰韶杏等。

（3）李推荐品种

①早熟品种　大石早生李、莫尔特尼李、红玖瑰李、蜜思李等。

②中晚熟品种　盖县大李、玫瑰皇后李、圣玫瑰李、晚红李、安格里拉李等。

（4）樱桃推荐品种

①早熟品种　早红宝石、早大果、红灯、意大利早红、极佳、抉择等。

②中晚熟品种　斯坦勒、先锋、拉宾斯等。

（三）复合经营模式

1. 杨树 3 株团线段型复合经营模式　见图 9-5,图 9-6,图 9-7。

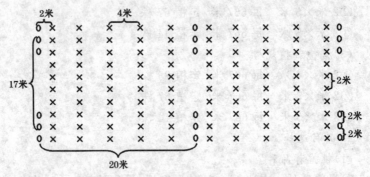

图 9-5　杨树(2 米×2 米)×17 米×20 米　果树 2 米×4 米模式

图 9-5 所示,线段型 3 株树株距 2 米,团间距 17 米,团行距 20 米。团行之间栽植果树 5 行,行距 4 米,两端果树距团状杨树 2 米。果树株距均为 2 米。每 667 米² 栽植果树 83 株,栽杨树 2 团 6 株。

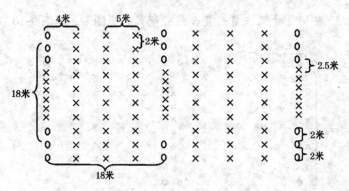

图 9-6 杨树(2 米×2 米)×18 米×18 米 果树 2 米×5 米模式

图 9-6 所示,杨树团内株距为 2 米,团间距 18 米,团行距 18 米。团行之间栽植果树 3 行,行距 5 米,两端两行距杨树 4 米。团距内栽植果树 6 株,株距 2 米。每 667 米² 栽植果树 60 株,栽杨树 2 团 6 株。

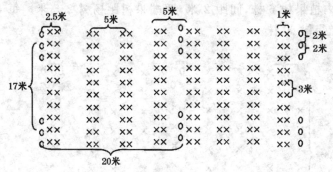

图 9-7 杨树(2 米×2 米)×17 米×20 米
果树(1 米×1 米)×3 米×5 米模式

图 9-7 所示,杨树团内株距为 2 米,团间距 17 米,团行距 20 米,每 667 米² 植杨树 2 团 6 株。果树每穴定植 2 株,间距 1 米,行内株距 3 米,行距 5 米,每 667 米² 植果树 88 株。

2. 杨树 3 株团三角形复合经营模式　见图 9-8 至图 9-10。

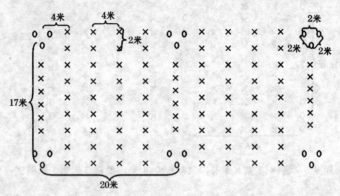

图 9-8　杨树(2 米×2 米)×17 米×20 米　果树 2 米×4 米模式

图 9-8 所示,杨树团内株距为 2 米,团间距 17 米,团行距 20 米,每 667 米² 植杨树 2 团 6 株。果树株距 2 米,行距 4 米,杨树两团距内植果树 6 株,间距 2 米,两端果树距杨树 2.5 米。每 667 米² 植果树 80 株。

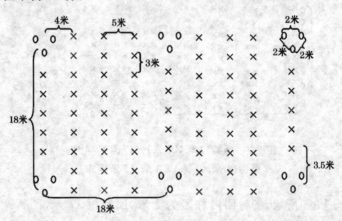

图 9-9　杨树(2 米×2 米)×18 米×18 米　果树 3 米×(4 米~5 米)模式

图 9-9 所示,杨树团内株距为 2 米,团间距 18 米,团行距 18 米,每 667 米² 植杨树 2 团 6 株。果树株距 3 米,团状杨树距两侧果树行距 4 米,团距内定植果树 5 株,株距 3 米,每 667 米² 定植果树 47 株。

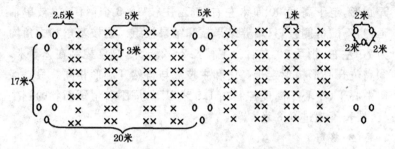

图 9-10 杨树(2 米×2 米)×17 米×20 米
果树(1 米×1 米)×3 米×5 米模式

图 9-10 所示,杨树团内株距为 2 米,团间距 17 米,团行距 20 米,每 667 米² 植杨树 2 团 6 株。果树株距 3 米(每穴定植果树 2 株、株间距 1 米),行距 5 米,杨树团两侧的两果树穴少栽 1 株,即少植 4 株果树,每 667 米² 定植果树 84 株。

(四)复合经营技术要点

1. **杨树栽培技术要点** 详细技术请见第八章第三节。

2. **桃、杏、李、樱桃整形修剪**

(1)整形 目前推广的树形有倒人字形、自然开心形、高位开心形、纺锤形、一边倒树形等,应根据栽植密度选择适宜的树形。笔者认为,2 米×4 米、2 米×5 米果园应选择倒人字形树形,因为株距只有 2 米,枝条伸展空间很小,向行间伸展才能尽快占满空间,有利于早期丰产。3 米×5 米栽植的果树可选择自然开心形或高位开心形。因树种不同对树形要求也有区别。如桃树可采用自然开心形树形,杏树、李树可采用高位开心形树形。樱桃园可采用纺锤形整形。

因树形不同，整形标准有区别。①采用倒人字形整枝，定干高度 50～70 厘米，两主枝基角为 50°～60°，腰角 70°～80°，梢角 60°～70°。主枝总长 2～2.5 米，高度控制在 2～2.5 米。②自然开心形，定干高度 60 厘米左右，选留主枝 3～5 个，每一主枝单轴延伸，不配备侧枝，只培养结果枝和结果枝组。主枝基角和腰角均为 70°左右，梢角 60°左右。主枝长 2～2.5 米，高度控制在 2.5 米。③高位开心形树形定干高度和主枝数与自然开心形相同。只是保留中心干，中心干高度控制在 1.5 米以下，周围着生短而壮的侧生枝，枝长不超过 0.8 米。

（2）修剪

①桃树　掌握以夏剪为主，冬剪为辅的原则，扭转过去冬剪为主的修剪方法。在夏季修剪时，主枝上着生的背上大枝要及时疏除，另外要疏除重叠枝、交叉枝、病虫枝和背下大枝，多留两侧斜生枝。以 10～15 厘米留 1 个结果枝，新植幼树主枝长到 50 厘米左右时，剪留 40 厘米，促发两侧分枝，经 2～3 次剪截修剪，主枝两侧分枝丰满，按 10～15 厘米选留 1 个结果枝，以中庸枝为主，疏除多余的旺枝。冬季修剪时，注意平衡树势，使树冠圆满，枝量分布均匀，疏除背上旺枝和主枝上着生的弱枝。主枝头以弱枝带头延伸，剪截带头生长的旺枝。对结果枝修剪要掌握大枝留长、小枝留短的原则。一般要求长果枝剪留 20～25 厘米，中果枝剪留 12～15 厘米，短果枝剪留 6～8 厘米，花束状果枝不修剪。对徒长性果枝有空间就留，不修剪，摘果后再处理。没空间就疏除。

②杏、李　杏树和李树修剪方法类似，与桃树修剪方法不同。因杏树和李树发枝量不如桃树发枝量大，成花情况不同。因此，在夏季修剪时要多剪截，少疏枝，促使多发分枝。新植幼树当主枝长到 40 厘米时剪留 30 厘米，经过连续剪截促发分枝。对背上的旺枝要及时疏除。主枝上 15～20 厘米留一分枝，当分枝长到 30 厘

米时剪留 20 厘米,促发二次分枝,培养结果枝组。主枝基角和腰角 70°～80°,梢角 60°～70°,主枝头高度控制在 2～2.5 米。中心主干采用高位开心,高度为 1.5 米左右。中心干开心后,对周围着生的大枝留短橛疏除,保留的大枝长度不超过 0.6 米。冬季修剪时注意调整树势,均衡枝量,疏除背上大枝,短截无花的营养枝,回缩修剪细弱的花枝。

③樱桃　樱桃修剪仍以夏季为主。夏季修剪以拉枝和摘心为主。纺锤形树形培养 8～12 个主枝,均为单轴延伸。新植幼树定干高度 80 厘米左右,主干新梢长到 50 厘米时剪留 40 厘米,经过连续剪截促使主干多发分枝,为选留主枝作准备。当年 8 月份应选留主枝并拉枝,主枝拉成 80°～90°角,其他辅养枝不剪除,全部拉成 90°～100°角。翌年主枝上分生二次枝,采取摘心催花措施。背上分枝不剪除,剪留 10 厘米,两侧分枝剪留 20 厘米,主枝头长到 40 厘米时剪留 30 厘米。连年拉枝、摘心可提早进入结果期。冬季修剪时可短截过旺的辅养枝,疏除部分过密枝,中截主枝带头枝,剪截较旺的营养枝。

3. 土、肥、水管理

(1)深翻　果树落叶后至发芽前进行,以秋、冬季结合施肥深翻效果较好。深翻 30 厘米左右,把地上的枯草、落叶翻入地下,可明显减轻病虫害发生,同时枯草、落叶腐烂后变成有机肥,对改良土壤、增加土壤肥力、改善土壤的理化性质起到关键作用。

(2)施肥　新建果园每一定植穴内施有机肥 10 千克,复合肥 1 千克。生长季节追肥。1 年生果树每株追施尿素 0.3 千克,埋施或浇水时撒施。追肥时间应在 6 月份和 7 月份两次追施。冬季施基肥,每株施有机肥 20 千克、复合肥 0.5 千克,以后逐年加大施肥量。进入结果期后,每年冬季每 667 米^2 施有机肥 4～5 米^3、复合肥 50 千克;夏季每 667 米^2 追施复合肥 25 千克,在果实膨大期追施。

（3）浇水　新植幼树定植后及时浇水，间隔 7～10 天浇第二水，保证成活。分别在 5 月份、6 月份、9 月份浇水，11 月份浇越冬水。进入结果期后，掌握关键期浇水，在果树发芽前、幼果期、果实膨大期和摘果后需及时浇水，给果树补充水分和养分，促进果树在合理负载下能正常生长、结果。

三、杨树团状配置与核桃、柿复合经营

核桃、柿树是北方低山、丘陵区普遍栽植的乡土果树树种。但在广大平原地区只有零星分布。近几年来，随着人民生活水平的提高和果品加工产业的迅速兴起，大量的核桃、柿子被加工成核桃油、核桃仁灌头、核桃乳、柿饼等商品，市场价格逐年攀升。以核桃为例，20 世纪 90 年代每千克核桃只有 6 元左右，2010 年核桃涨到 30～40 元/千克，河北的绿岭核桃每千克售价 80 元。因此，在平原地区发展核桃、柿子，搞杨果复合经营是转变农业增长方式、农民增收的新途径，是调整农业种植结构，发展高效生态农业、改善生态环境的必由之路。

（一）杨树团状栽植规格

A.（2 米×2 米）×14 米×15 米　每 667 米^2 栽植株数 3 团 9 株（3 株团）

B.（2 米×2 米）×16 米×20 米　每 667 米^2 栽植株数 2 团 8 株（4 株团）

（二）核桃、柿树栽植规格与品种选择

1. 栽植规格　发展早实新品种核桃，当年栽植翌年见果，树冠较小，应密植。以 2 米×4 米、3 米×5 米和 4 米×5 米为宜，每 667 米^2 植株数分别为 83 株、44 株和 33 株。柿树树冠较大，应采取中冠树中度密植，如 3 米×5 米、4 米×5 米和 4 米×6 米等。

2. 品种选择

(1)核桃优良品种　目前以推广薄壳早实核桃为主。如绿岭、香玲、鲁光、丰辉、辽宁1号、辽宁3号、辽宁4号、中林1号、中林5号、8518等。

(2)柿树优良品种

①国内地方优良品种　陕西富平光柿、眉县牛心柿、临潼火晶柿、北京磨盘柿、山东菏泽镜面柿、河北涉县绵柿等。

②国外引进甜柿品种　国外引进甜柿品种多数来源于日本，表现较好的有富有、禅寺凡、松本早生、次郎、前川次郎、蘸八、三代金柿等。

(三)复合经营模式

1. 杨树3株团线段型复合经营模式　见图9-11，图9-12。

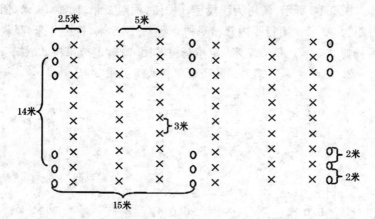

图9-11　杨树(2米×2米)×14米×15米　果树3米×5米模式

图9-11所示，杨树线段型3株团，株距2米，团距14米，团行距为15米。在杨树团行距内栽植核桃或柿树3行，株距3米，行距5米，果树距杨树2.5米。每667米² 定植杨树3团9株，定植果树(核桃或柿)44株。

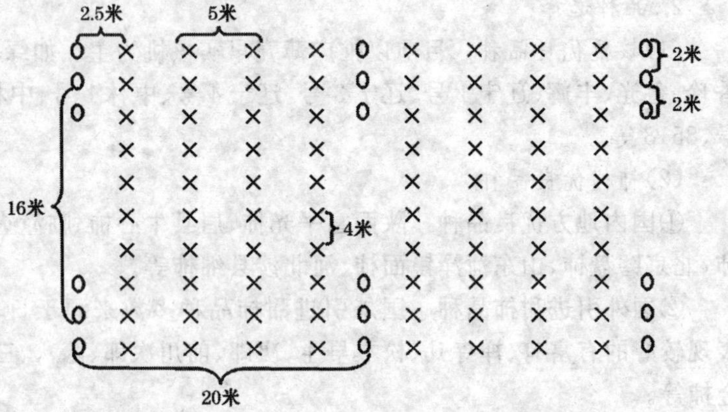

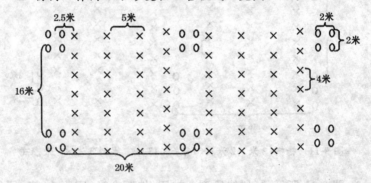

图 9-12 杨树(2 米×2 米)×16 米×20 米 果树 4 米×5 米模式

图 9-12 所示,杨树为线段型 3 株团,株距 2 米,团距 16 米,团行距为 20 米。团行距内栽植果树 4 行,行距 5 米,株距 4 米,果树距杨树 2.5 米。每 667 米² 定植杨树 2 团 6 株,定植果树 33 株。

2. 杨树 4 株团正方形复合经营模式 见图 9-13。

图 9-13 杨树(2 米×2 米)×16 米×20 米 果树 4 米×5 米模式

图 9-13 所示,杨树 4 株团正方形配置,团内株距 2 米,团距 16 米,团行距为 20 米。在团行距内定植果树 4 行,行距 5 米,果树距

杨树 2.5 米。每 667 米² 植杨树 2 团 8 株,定植果树 33 株。

(四)复合经营技术要点

1. **核桃、柿整形修剪**

(1)核桃整形修剪

①整形　生产上常用的树形有两种,一是疏散分层形,主要用于发展晚实核桃,培养稀植大冠树。二是自然开心形,主要用于早实核桃密植栽培。搞复合经营以发展早实核桃为主,因此树形应选择自然开心形。

核桃苗木应选择 0.8 米以上的 2～3 年生苗定植。定干高度 0.6 米左右,自然开心形选留主枝 3～4 个。主枝上选留侧枝,第一主枝选留 1～2 个侧枝,第二、第三主枝选留 2～3 个侧枝。

②修剪　早实核桃分枝力强,修剪时应注意培养主侧枝,及时控制二次枝,合理利用徒长枝,疏除过密枝,处理好背下枝。控制二次枝具体做法:一是及时疏除过旺枝。二是分枝过多选留 1～2 个健壮枝,其他多余枝全部疏除。三是对选留的二次枝生长过旺时摘心。四是对单轴延伸生长过旺的二次枝短截促发分枝。对徒长枝采取夏季摘心或短截培养成结果枝组。对旺盛营养枝采取轻剪,可增加发枝量、果枝量和坐果数量,减少二次枝数量。对过旺直立枝要拉平。对背下枝采取疏除或回缩修剪,培养小型结果枝组。

(2)柿树整形修剪

①整形　柿树的主要树形有疏散分层形和自然半圆形两种。发展密植柿园应采用自然半圆形树形。自然半圆形无中心干,在主干上着生 4～5 个主枝,插空排列,无明显层次。在每一主枝上配备 1～2 个侧枝。

②修剪　对幼树和初结果树要注意控制上强,对主、侧枝上的枝条疏除过密枝、细弱枝和竞争枝外,其余枝条尽量保留,以增加结果部位。外围延长枝可剪去 1/4～1/3,以促发分枝,内膛生长的发育枝适当短截,培养结果枝组,注意开张角度,控制直立枝旺

长。对已进入结果盛期的柿树,应掌握去弱留强、集中营养、培养强壮的结果母枝。结果母枝一般不剪,如结果母枝过多,应适当截一部分作预备枝,使其轮换结果。对过高、过长的老枝组要适当回缩,促使下部萌发新枝。对过密的徒长枝应及时疏除。

2. 土、肥、水管理

(1)深翻改土　深翻改土同杏、李土肥水管理。

(2)施肥　幼树和初结果树施肥,按树冠投影面积计算,每平方米年施肥量(有效成分)为氮肥 50 克,磷、钾肥 10 克。进入结果期后年施氮肥 50 克,磷、钾肥各 10 克,农家肥 5 千克。盛果期树施肥应加大磷、钾肥的施用量,并增施农家肥。施基肥最好在秋冬季进行。追肥分两次进行,第一次追肥在幼果发育期(6 月份),每 667 米^2 施氮、磷、钾复合肥 50 千克。第二次追肥在硬核期和果实膨大期(7～8 月份)每 667 米^2 施氮、磷、钾复合肥 50 千克。施肥方法可采用环状沟施、放射沟施、条状沟施或全撒施均可。

(3)浇水　核桃、柿树需水量较小,应抓住关键期浇水。第一水应在萌芽前后(3～4 月份),第二水在开花后(5～6 月份),7～8 月份降水量较大,应注意排水。果实采收后至落叶期可再浇一水。如遇干旱年份可酌情浇水。

第二节　杨树团状配置与
林业园林苗木复合经营

林业和园林苗圃是广大平原农区绿化和城市绿化的基础。两类苗圃不管是国营苗圃还是个体苗圃都有较好的灌溉条件,经营管理水平较高,也为杨树复合经营提供了速生丰产的条件。而团状配置的杨树可降低苗圃地的风速,减少苗木的倒伏,同时增加了苗圃地的空气相对湿度,为苗木的生长提供了适宜的环境条件。但是,杨树根系吸收水分和养分、树冠遮荫等因素对苗木的生长会造成一定影响。需要在栽培措施上和栽植密度上找出解决这一矛盾的合理方法。笔者在自己筹建的 20 公顷试验苗圃中进行了较长时间的复合经营试验,总结了正反两方面的经验和教训,筛选了一些能提高综合经营效益、对苗圃经营影响较小的配置方法,推荐给读者。

一、杨树团状配置与林业苗木复合经营

林业苗木包括培育用材林苗木和经济林苗木两部分,是以供应平原农区造林绿化和发展果、桑为主的苗圃地。

(一)杨树栽植规格　林业苗圃地培育的各类苗木均属于阳性树种,配置过密会影响苗木生长,每 667 米^2 苗圃地定植 2 团 6 株为宜,选择 3 株团配置模式。

A.(2 米×2 米)×16 米×20 米　每 667 米^2 植树 2 团 6 株

B.(1.5 米×1.5 米)×18 米×18 米　每 667 米^2 植树 2 团 6 株

(二)林业苗圃育苗品种和密度

1. 用材林苗圃育苗品种和密度

(1)白杨派及杂交种　包括窄冠白杨 1 号、窄冠白杨 3 号、窄冠白杨 6 号、窄冠黑杨、窄冠黑白杨、欧美 107 杨、欧美 108 杨、丹红杨、新疆杨、银中杨、鲁毛 50、1414 杨、河北杨、三倍体毛白杨等。每 667 米^2 育苗 3 000 株左右。

栽植规格:

①等行距育苗　0.3 米×0.8 米,每 667 米^2 育苗 2 778 株;0.25 米×1 米,每 667 米^2 育苗 2 667 株;0.2 米×1 米,每 667 米^2 育苗 3 334 株。

②大小行育苗　(0.3 米×0.6 米)×0.8 米,每 667 米^2 育苗 3 175 株;(0.3 米×0.6 米)×1 米,每 667 米^2 育苗 2 778 株。

(2)黑杨派及杂交种　包括窄冠黑杨、欧美 107 杨、欧美 108 杨、2001 杨、中林-46 杨、2025 杨、L-35 杨、丹红杨、巨霸杨、欧黑抗

虫杨、碧玉杨、钻天杨、中东杨等。

栽植规格：

①等行距育苗　0.3米×0.6米，每667米^{2}育苗3 704株；0.3米×0.7米，每667米^{2}育苗3 175株。

②大小行育苗　(0.3米×0.6米)×0.8米，每667米^{2}育苗3 175株；(0.3米×0.6米)×1米，每667米^{2}育苗2 778株。

2. 果树育苗品种和密度

(1)果树育苗品种　果树育苗多采取播种方式先培育砧木苗，通过嫁接培育成所需要的果树品种，如苹果、梨、桃、杏、李、樱桃、枣、柿、山楂、核桃等。少数品种是利用扦插繁殖的方法，主要品种有葡萄、石榴、无花果等。

(2)果树育苗密度　苹果、梨、桃、杏、李等品种，每667米^{2}培育嫁接苗8 000～10 000株。樱桃、柿、枣、山楂、核桃等品种，每667米^{2}培育嫁接苗6 000～7 000株，培育扦插苗可直接用果树1年生枝剪成12～15厘米的插穗扦插，每667米^{2}扦插7 000～8 000株。

(三)复合经营模式

1. 3株团线段型模式　见图9-14，图9-15。

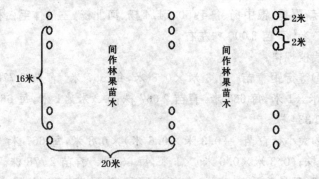

图9-14　杨树3株团线段型模式A

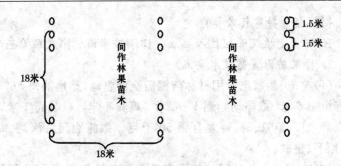

图 9-15　杨树 3 株团线段型模式 B

2. 3 株团三角形图式　见图 9-16,图 9-17。

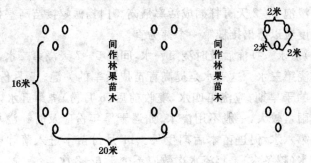

图 9-16　杨树 3 株团三角形模式 A

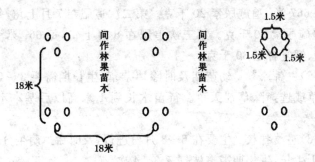

图 9-17　杨树 3 株团三角形模式 B

（四）复合经营技术要点

1. **杨树定植及管理技术要点**　详细技术请见第八章第三节。

2. **林果苗圃育苗技术要点**

（1）整地、施基肥　用材林苗圃需全面整地，整地前每 667 米² 施有机肥 5 米³ 或施动物肥 1～2 米³（鸡粪 1 米³，或羊粪 1 米³，或猪粪 2 米³），施氮、磷、钾复合肥 50 千克。撒施地面后深翻 30 厘米，耙平、整畦。

（2）育苗　育苗时间一般在春季土壤解冻后至树木发芽前进行。根据各品种的育苗密度，按设计株行距扦插。扦插穗长 15 厘米左右，直插，插穗与地面插平，插后及时浇水。黑杨派插穗最好在水中浸泡 1～2 天再扦插成活率最高。白杨派嫁接苗高垄扦插，封土高度应以露出接穗第一个芽为宜。

（3）浇水　扦插后及时浇第一水，间隔 5～7 天浇第二水，插穗发芽前浇第三水。这三水是提高育苗成活率的关键。5 月份是北方地区的干旱期，应浇第四水，麦收前后（6 月份）浇第五水，7～8 月份降雨量较大，一般不用浇水，如遇干旱年份应及时补浇水。9 月份浇第六水，促进苗木后期生长。11 月份苗木进入落叶期，应浇第七水（越冬水）。年浇水次数应不少于 6～8 次。

（4）追肥　在苗木生长期追肥 3 次。第一次追肥在 5～6 月份，每 667 米² 追施尿素 20 千克。第二次追肥在 7 月上旬，每 667 米² 追施尿素 30 千克。第三次追肥在 8 月上旬，每 667 米² 追施氮、磷、钾复合肥 30 千克。

（5）中耕除草　幼苗期及时除掉杂草，生长期需要 3～4 次中耕除草或选择除草剂灭草。待苗木长到 1 米高以后基本不用除草。

（6）整枝打杈　主要在 6～8 月份进行，及时掰掉萌生分枝，保证苗干生长，生长期需整枝打杈 3～4 次。

（7）病虫害防治　林果苗木主要病害有叶锈病、煤污病、褐斑病等。主要虫害有杨白潜叶蛾、杨银潜叶蛾、蚜虫、红蜘蛛、杨天社蛾等。可选用硫悬浮剂、多菌灵等药物杀灭病害。选用菊酯类、阿维菌素、吡虫啉等药物杀灭虫害。

二、杨树团状配置与花灌木复合经营

花灌木是城镇绿化的主栽园林树种，用量大、价值高，是高投入、高收益的苗圃。与杨树复合经营能进一步提高效益、降低成本，又为花灌木创造一个适生的生长环境，特别是对提高长绿灌木的生长量效果明显。同时，杨树的很多品种，又是城市绿化的兼用品种，可作为大苗培育，提高杨树身价，苗圃收益更高。

(一)杨树栽植规格

A. (1.5米×1.5米)×10米×16米　每667米^{2}植树4团12株(三团株)，宜间作喜阴类灌木。

B. (1.5米×1.5米)×10米×20米　每667米^{2}植树3团9株(三团株)，宜间作喜阴类球形灌木。

C. (1.5米×1.5米)×18米×18米　每667米^{2}植树2团6株(三团株)，宜间作花木类。

(二)花灌木品种与栽植规格

1. 花灌木品种

(1)喜阴灌木类品种　大叶黄杨、小叶黄杨、金叶女贞、金森女贞、金叶水蜡、红叶小檗、大叶女贞(丛状)、小叶女贞，六道木、桧柏、龙柏、洒金柏、千头柏等。

(2)花木类品种　梅花、腊梅、榆叶梅、珍珠梅、美人梅、碧桃、红叶碧桃、寿星桃、紫叶李、紫叶矮樱、红栌、西府海棠、红宝石海棠、樱花、花石榴、舞美苹果等。

2. 栽植规格

(1)高密度栽植　0.1米×0.2米、0.1米×0.3米，每667米^{2}定植22 200～33 300株。培育绿篱工程苗。适宜培育品种为大叶黄杨、小叶黄杨、金叶女贞、金森女贞、红叶小檗、金叶水蜡、小叶女贞等。

（2）中密度栽植　0.5米×0.8米、0.8米×1米，每667米²定植833~1667株。宜培育大叶黄杨球、小叶黄杨球、金叶女贞球、金森女贞球、红叶小檗球、金叶水蜡球、连翘球、迎春球、龙柏球、桧柏球、洒金柏球等。

（3）低密度栽植　0.5米×1.2米、1米×1.5米，每667米²定植444~694株。培育地径3~6厘米、冠径1~1.5米的花木。适宜品种为梅花、腊梅、榆叶梅、美人梅、珍珠梅、红叶碧桃、寿星桃、紫叶李、紫叶矮樱、贴梗海棠、红宝石海棠、红栌、樱花、花石榴、桧柏、龙柏等。

（三）复合经营模式

1. 3株团线段型图式　见图9-18至图9-20。

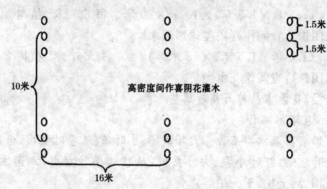

图 9-18　杨树(1.5米×1.5米)×10米×16米
花灌木0.1米×(0.2米~0.3米)模式

图9-18所示，线段型3株团杨树四周各留出1米的距离为杨树的营养面积，每一树盘整理成长5米，宽2米，面积为10米²。每667米² 4团树，占地40米²，减少间作1320~2000株，实际间

作株数为 20 880～31 300 株。

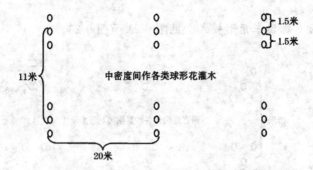

图 9-19　杨树(1.5 米×1.5 米)×11 米×20 米
花灌木 0.5 米×0.8 米、0.8 米×1 米模式

图 9-19 所示,每 667 米² 植线段型杨树 3 团 9 株,每团的树盘整理成长 5 米,宽 2 米,面积 10 米²,3 团树占地面积 30 米²。每 667 米² 减少间作株数 38～75 株,实际间作株数为 795 株或 1 592 株。

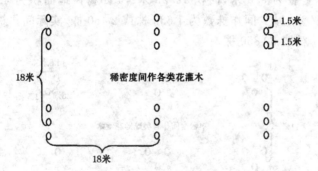

图 9-20　杨树(1.5 米×1.5 米)×18 米×18 米
花灌木 0.8 米×1.2 米、1 米×1.5 米模式

图 9-20 所示,每 667 米² 植线段型杨树两团 6 株,每团的树盘整理成长 5 米,宽 2 米,面积 10 米²,2 团树占地面积 20 米²。每

667 米² 减少间作株数 21 株或 13 株,实际间作株数为 432 株或 679 株。

2.3 株团三角形模式　见图 9-21 至图 9-23。

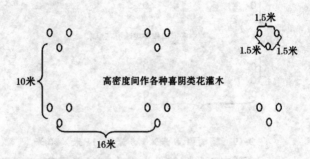

图 9-21　杨树(1.5 米×1.5 米)×10 米×16 米
花灌木 0.1 米×(0.2 米～0.3 米)模式

图 9-21 所示,每 667 米² 定植杨树 4 团 12 株,每团树盘整理成长、宽各为 3.5 米,面积 12.25 米²,4 团树占地面积为 49 米²。每 667 米² 减少间作株数为 1 633 株或 2 450 株,实际间作株数为 20 567 株或 30 850 株。

图 9-22　杨树(1.5 米×1.5 米)×11 米×20 米
花灌木 0.5 米×0.8 米、0.8 米×1 米模式

图 9-22 所示,每 667 米² 定植杨树 3 团 9 株,每团树盘整理成长、宽各为 3.5 米,面积 12.25 米²,3 团树占地面积为 36.75 米²。每 667 米² 减少间作株数为 46 株或 92 株,实际间作株数为 1 649 株或 822 株。

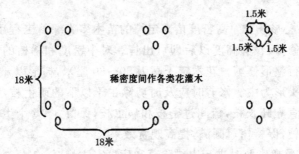

稀密度间作各类花灌木

18米

18米

1.5米

1.5米　1.5米

图 9-23　杨树(1.5 米×1.5 米)×18 米×18 米
花灌木 0.8 米×1.2 米、1 米×1.5 米模式

图 9-23 所示,每 667 米² 定植杨树 2 团 6 株,每团树盘整理成长、宽各为 3.5 米,面积 12.25 米²,2 团树占地面积为 24.5 米²。每 667 米² 减少间作株数为 26 株或 16 株,实际间作株数为 674 株或 428 株。

(四)花灌木管理技术要点

1. **整地施基肥**　全面整地,深耕 30 厘米左右。在深耕前每 667 米² 撒施农家肥 5～6 米³,复合肥 50 千克。深耕耙平后整成畦田,畦宽一般为 1.5～2 米。

2. **苗木定植**　苗木定植时间一般在土层解冻后至苗木发芽前进行,华北地区一般在 3～4 月份。育苗密度应根据各品种不同的密度计算株行距,然后按株行距定植。

3. **浇水追肥**　苗木定植后及时浇水,做到当天植苗、当天浇水,间隔 3～5 天浇第二水。以后分别在 5、6、9 月份和苗木停长后分别给苗木浇水。7～8 月份北方地区降水量较大,一般年份不用浇水,如遇干旱年份应及时给苗木补水。

结合浇水给苗木追肥。在一个生长期内给苗木追肥 2 次,第一次追肥在 3～4 月份苗木发芽期,每 667 米^2 可追施尿素 20～30千克;第二次追肥在 6～8 月份,每 667 米^2 追施复合肥 30 千克左右。

4. 整形修剪　高密度苗圃定植的苗木多为绿篱工程用苗,一般不用修剪,长够高度以后即可出售。对中密度和稀植的花灌木类要进行整形修剪。花木定干高为 50～80 厘米,树形以开心形和自然圆头形为主。修剪时应及时剪除主干以下的萌生枝,疏除树冠内的直立旺长枝,疏间过密枝和病虫枝,保留 3～5 个生长均衡的大主枝,保持树冠圆满,提高观赏效果。

5. 管理　及时进行中耕除草和病虫害防治。

三、杨树团状配置与园林乔木树种复合经营

杨树与园林乔木树种复合经营,是合理利用光能,培育多种规格园林苗木的经营形式。把杨树融合在园林苗圃中,作为大规格和特大苗木规格的特用苗木培育,为城市绿化提供特用苗木。在这一新的组合方式中,杨树品种选择和密度是增加苗圃收入的关键。杨树品种选择应具备根系深、树冠窄、树干光滑通直、树冠成塔形或圆柱形、生长期长等特点。在密度配置上应掌握每 667 米^{2}定植 3～4 团树(9～12 株),团间距呈均匀配置,有利于间作苗木对光的吸收。

(一)杨树栽植规格

A.(1.5 米×1.5 米)×10 米×16 米　每 667 米^2 植树 4 团 12株,(3 株团)适宜耐阴类乔木树种。

B.(1.5 米×1.5 米)×11 米×20 米　每 667 米^2 植树 3 团 9株,(3 株团)适宜各类园林绿化乔木树种。

(二)园林绿化乔木树种品种选择与栽植规格

1. **品种选择**　所有用于园林绿化的乔木树种都适宜复合经营,只是在杨树栽植规格上注意选择。园林绿化的主栽品种有国槐、白蜡、金枝槐、金叶槐、龙爪槐、金叶榆、金叶白蜡、千头椿、臭椿、雪松、法国梧桐、五角枫、栾树、垂柳、金丝垂柳、香花槐、江南槐、合欢、青桐、垂枝金花柳、枫杨等。

2. **栽植规格**

(1)耐阴或长绿乔木树种　如雪松、国槐、金枝槐、白蜡、垂枝金花柳、龙爪槐等。栽植规格为 1 米×1.5 米,以培育胸径 6～8 厘米的苗木为主。

(2)喜光性乔木树种　如法国梧桐、合欢、栾树、五角枫、香花槐、垂柳、青桐等。栽植规格 1 米×1.5 米、1.5 米×2 米,以培育胸径 8～10 厘米粗的大规格苗木为主。

(三)复合经营模式

1. **耐阴乔木树种复合经营模式**　见图9-24。

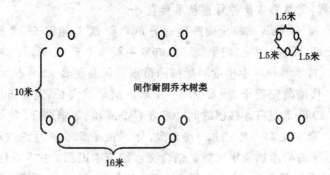

图9-24　杨树(1.5 米×1.5 米)×10 米×16 米
耐阴乔木类 1 米×1.5 米模式

图9-24 所示,每 667 米² 栽植杨树 4 团 12 株,每团树盘面积 12.25 米²,4 团树占地面积 49 米²。每 667 米² 减少间作 33 株,实

际间作株数为 411 株。

2. 喜光类乔木树种复合经营模式　见图 9-25。

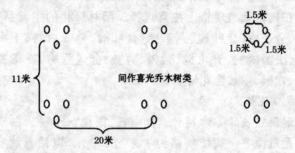

間作喜光乔木树类

图 9-25　杨树(1.5 米×1.5 米)×11 米×20 米

乔木类 1 米×1.5 米、1.5 米×2 米模式

图 9-25 所示,每 667 米² 栽植杨树 3 团 9 株,每团树盘面积 12.25 米²,4 团树占地面积 36.8 米²,每 667 米² 减少间作 25 株或 12 株,实际间作株数为 419 株或 213 株。

(四)园林乔木树种管理技术要点

1. **整地、施基肥**　全面整地前每 667 米² 撒施粗肥 5～6 米³,复合肥 50 千克,深耕、耙平、整畦,畦宽一般为 1.5～2 米。

2. **苗木移植**　中密度和稀植的苗圃一般是用 2～3 年生大苗移植。移植前先定干,干高 2.5～3 米。挖栽植穴长、宽各 60 厘米,深 40 厘米左右。移植时间一般在春季或秋、冬季进行。

3. **浇水追肥**　年浇水 4～5 次,分别在 4、5、6、9 月份进行。遇干旱年份应增加浇水次数。结合浇水给苗木追肥。在 5 月份和 7～8 月份追肥 2 次,第一次每 667 米² 追尿素 20～30 千克,第二次每 667 米² 追氮、磷、钾复合肥 30 千克左右。

4. **修剪**　乔木类修剪比较省工,及时剪去主干以下的萌生枝,剪除树冠内形成的双头竞争枝,回缩修剪树冠外围生长过长的细弱枝,保持树干通直、树冠圆满的树形。

5. 管理　及时进行中耕除草和防治病虫害。

第三节　杨树团状配置与蔬菜复合经营

一、杨树团状配置与蔬菜复合经营的意义和作用

近几年来,我国的蔬菜事业发展迅速,播种面积和总量持续增长,蔬菜数量供应充足,商品质量不断提高,已成为世界蔬菜生产大国。在全国各地建立的城郊自给型蔬菜基地和补给型商品蔬菜基地已初具规模。全国蔬菜商品已形成多种经营,多渠道供应,促进了蔬菜市场体系的形成。

随着人们生活水平的提高,对蔬菜的需求已不仅仅是数量,而是开始追求品种多样、营养丰富、保健卫生、食用方便等高层次的消费目标,为蔬菜生产提出了更高的要求。因此,生产无公害蔬菜、绿色蔬菜是今后发展方向。

杨树与蔬菜复合经营是一个新兴的种植模式,它对调整农业种植结构、转变农业增长方式、降低生产成本、增加菜农收入、改善生态环境具有重大意义和关键作用。

(一)杨菜复合经营的意义

1. 优化种植结构、增加菜农收入　蔬菜的生长发育与气候条件密切相关。气候条件主要包括光照、温度、水分和空气。如光照过强,会对中等光照和弱光照的蔬菜造成危害,温度低时喜温性蔬菜生长受到影响,温度过高时对耐寒蔬菜生长不良等。如果在每 667 米^2 菜地中栽植 $3\sim4$ 团杨树可起到降低光照强度和调节温度的作用。在保证蔬菜不减产的前提下,每年又可生产木材 1 米^3 左右。如果在一个 66.67 公顷的蔬菜基地推广杨菜复合经营种植模式,每年可生产大径材 $1\,000$ 米^3 左右,可增加收入 100 万元左右。

2. 增强防护能力、改善生态环境　在单一经营的蔬菜产区，年年会遭受到风灾、旱灾、涝灾、雹灾等自然灾害的侵袭，给蔬菜种植户造成不同程度的经济损失。而杨树有较好的防护效果，对防风固沙、增加降水、减少雹灾，改善小气候都有明显的作用。同时，杨树又有净化空气的作用，杨树叶片可吸收空气中的有害气体，如二氧化硫、氮氧化物、粉尘等，为生产无公害蔬菜创造良好的生态环境。总之，杨树的防护作用可把自然灾害降到最低，杨树净化空气的作用为提高蔬菜品质创造了良好条件。

（二）杨菜复合经营的作用

1. 综合利用资源

（1）水肥资源的综合利用　蔬菜是需水量较大的经济作物，在蔬菜作物中含水量高达 85％～95％，水分是蔬菜的重要组成部分，又是光合作用的主要原料。在管理过程中，蔬菜缺水会出现叶片发黄、光合作用减弱、萎蔫至死，直接影响蔬菜的产量和质量，降低商品价值。因此，必须经常浇水施肥才能保持蔬菜的正常生长。但是，在灌溉过程中，蔬菜的直接吸入水分占 30％～40％，另外有30％左右的水分蒸发到空气中，还有 30％左右的水分渗漏地下，施入的肥料也随水流失。造成肥资源的浪费。如果在菜田每 667米^2 定植 3～4 团（9～12 株）杨树采用深挖栽等技术，使杨树根系分布在土层 40 厘米以下，不但不影响蔬菜生长，又吸收了渗漏的水分和养分，变肥、水浪费为综合利用。

（2）光能资源的综合利用　蔬菜在适宜的光照条件下才能正常生长发育。由于蔬菜对光照强度的反应不同，强光性蔬菜如西瓜、南瓜、黄瓜、番茄、茄子等光照强度应在 4 万勒以上，要求中等光照以上的蔬菜如大白菜、甘蓝、萝卜、胡萝卜、大葱、大蒜、洋葱等光照强度应在 3 万勒左右。要求较弱光照的蔬菜如菠菜、莴苣、茼蒿、生姜、蚕豆等光照强度应在 2 万勒左右。根据各类蔬菜种植区的不同品种设计团状杨树不同栽植密度。在强光性蔬菜种植区，

每 667 米² 定植杨树 2 团(6 株),中性光照蔬菜种植区,每 667 米²
定植杨树 3 团(9 株),弱光性蔬菜种植区,每 667 米² 定植杨树 4
团(12 株)。在不同类型蔬菜种植区合理配置杨树团,可以明显降
低光照强度,在华北地区夏季光照强度在 5 万～8 万勒以上的天
数很多,对蔬菜生长造成不同程度的影响。在有团状杨树的蔬菜
田里由于杨树树冠的遮荫作用和杨树叶片的蒸腾作用使光照强度
降低和空气湿度提高,不仅为蔬菜创造了适宜的光照条件,同时充
分利用了光能资源供给杨树快速生长。

(3)土地资源的综合利用　目前在大面积的蔬菜经营区树木
稀少,森林覆盖率很低,蔬菜种植完全裸露在广田旷野中,形成了
一种脆弱的生态环境。如果在每 667 米² 蔬菜田栽植九株团状杨
树,每年可生长 1 米³ 木材,相当于 467 米² 林地的木材生长量。
在每 667 米² 复合经营土地的收入相当于 1 134 米² 单一种植的收
入。我们何乐而不为呢。

2. 防灾减灾

(1)防冻害　一些喜温蔬菜抗冻能力最差,在早春或晚秋生长
的蔬菜常常因霜冻使叶片受损,植株变形严重的造成干枯死亡。
在有团状杨树保护的蔬菜田早春和晚秋温度可提高 1℃～2℃,就
可以减免霜冻的危害。

(2)防高温　耐寒和半耐寒蔬菜适宜温度是 15℃～20℃,喜
温性蔬菜适宜温度是 20℃～30℃,30℃以上生长不良。而在广大
的华北地区 6～8 月份超过 30℃的天数所占比例很大,往往因高温
造成蔬菜减产。在蔬菜田均匀配置团状杨树,由杨树的蒸腾作用,
可使夏季气温降低 3℃左右,给蔬菜生长创造较适宜的温度条件。

二、杨树团状配置与瓜果类蔬菜复合经营

(一)瓜果类蔬菜品种　主要品种有南瓜、西瓜、冬瓜、甜瓜、黄
瓜、番茄、茄子、豆类等。此类均属于强光照蔬菜。杨树配置以稀

密度为主。一般每 667 米² 栽植 2 团树为宜。

（二）杨树栽植规格及模式

1. 三角形配置

（1）栽植规格

A. (1.5 米×1.5 米)×15 米×22 米　每 667 米² 植树 2 团 6 株

B. (2 米×2 米)×15 米×22 米　每 667 米² 植树 2 团 6 株

C. (2 米×2 米)×18 米×18 米　每 667 米² 植树 2 团 6 株

（2）复合经营模式　见图 9-26 至图 9-28。

图 9-26　喜温性蔬菜田杨树 3 株团三角形配置 A 模式

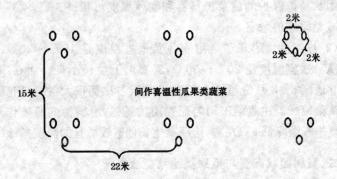

图 9-27　喜温性蔬菜田杨树 3 株团三角形配置 B 模式

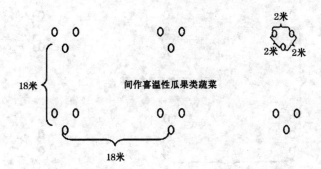

图 9-28　喜温性蔬菜田杨树 3 株团三角形配置 C 模式

2.3 株团线段型配置

(1)栽植规格

A.(1.5 米×1.5 米)×15 米×22 米　每 667 米² 植树 2 团 6 株

B.(2 米×2 米)×15 米×22 米　每 667 米² 植树 2 团 6 株

(2)复合经营模式　见图 9-29,图 9-30。

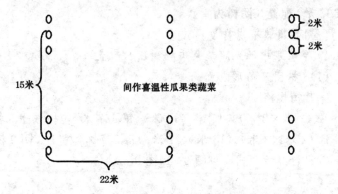

图 9-29　喜温性蔬菜田杨树 3 株团线段型配置 A 模式

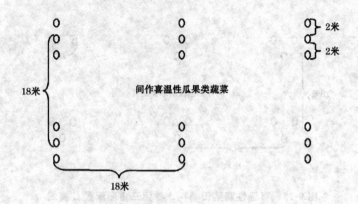

图 9-30　喜温性蔬菜田杨树 3 株团线段型配置 B 模式

三、杨树团状配置与根茎类蔬菜复合经营

（一）**根茎类蔬菜品种**　根茎类蔬菜主要包括萝卜、大葱、大蒜、洋葱、生姜等。属耐寒和半耐寒中等光照及弱光照品种。杨树每 667 米² 配置 3 团树为宜。

（二）**杨树栽植规格及模式**

1. 半耐寒中性光照蔬菜田杨树团状配置

(1)3 株团三角形配置

①栽植规格

A. (2 米×2 米)×15 米×15 米　每 667 米² 植树 3 团 9 株

B. (2 米×2 米)×13 米×17 米　每 667 米² 植树 3 团 9 株

②复合经营模式　见图 9-31，图 9-32。

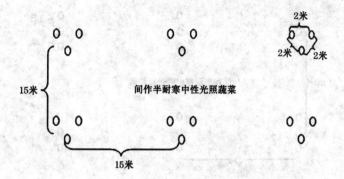

图 9-31　半耐寒中性光照蔬菜田杨树 3 株团
三角形配置 A 模式

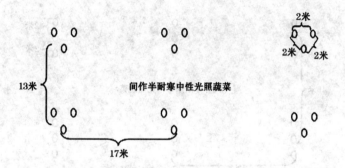

图 9-32　半耐寒中性光照蔬菜田杨树 3 株团
三角形配置 B 模式

(2)3 株团线段型配置

①栽植规格

A.(1.5 米×1.5 米)×13 米×17 米　每 667 米² 植树 3 团 9 株

B.(2 米×2 米)×15 米×15 米　每 667 米² 植树 3 团 9 株

②复合经营模式　见图 9-33,图 9-34。

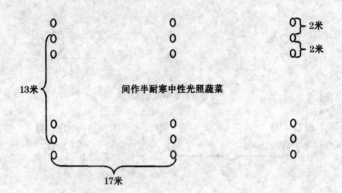

间作半耐寒中性光照蔬菜

图 9-33　半耐寒中性光照蔬菜田杨树 3 株团
线段型配置 A 模式

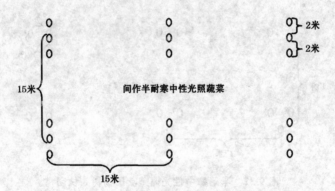

间作半耐寒中性光照蔬菜

图 9-34　半耐寒中性光照蔬菜田杨树 3 株团
线段型配置 B 模式

2. 耐寒弱光性蔬菜田杨树团状配置

(1)4 株团正方形配置

①栽植规格

A. (1.5 米×1.5 米)×13 米×17 米　每 667 米^2 植树 3 团 9 株

B. (2 米×2 米)×15 米×15 米　每 667 米^2 植树 3 团 9 株

②复合经营模式　见图 9-35,图 9-36。

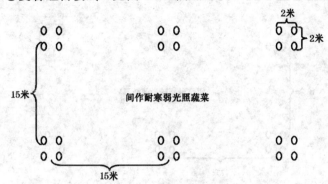

图 9-35　半耐寒中性光照蔬菜田杨树 4 株团
正方形配置 A 模式

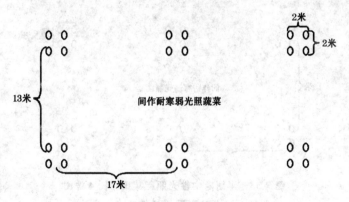

图 9-36　半耐寒中性光照蔬菜田杨树 4 株团
正方形配置 B 模式

(2)4 株团长方形配置

①栽植规格

A.(1.5 米×2 米)×13 米×17 米　每 667 米² 植树 3 团 12 株

B.(2 米×2.5 米)×15 米×15 米　每 667 米² 植树 3 团 12 株

②复合经营模式　见图 9-37,图 9-38。

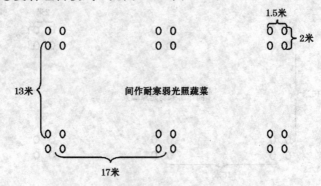

图 9-37　半耐寒中性光照蔬菜田杨树 4 株团
长方形配置 A 模式

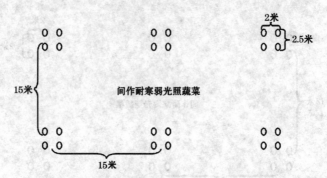

图 9-38　半耐寒中性光照蔬菜田杨树 4 株团
长方形配置 B 模式

四、杨树团状配置与叶(叶球)类蔬菜复合经营

（一）叶(叶球)类蔬菜品种　主要叶类蔬菜有菠菜、莴苣、茼蒿、香菜、韭菜、大白菜、甘蓝、芹菜等。多数品种为耐寒、弱光性蔬菜品种。

(二)杨树栽植规格及模式

1.3 株团线段型配置

(1)栽植规格

A.(2米×2米)×10米×16米 每667米² 植树 4 团 12 株

B.(2米×2米)×13米×13米 每667米² 植树 4 团 12 株

(2)复合经营模式 见图9-39,图9-40。

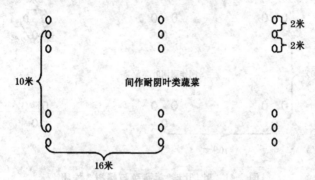

图 9-39 叶(叶球)类蔬菜与杨树 3 株团

线段型配置 A 模式

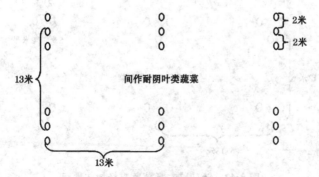

图 9-40 叶(叶球)类蔬菜与杨树 3 株团

线段型配置 B 模式

2.3 株团三角形配置

(1)栽植规格

A.(2 米×2 米)×10 米×16 米 每 667 米² 植树 4 团 12 株

B.(2 米×2 米)×13 米×13 米 每 667 米² 植树 4 团 12 株

(2)复合经营模式 见图 9-41,图 9-42。

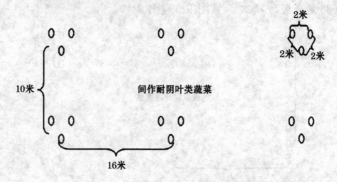

图 9-41 叶(叶球)类蔬菜与杨树 3 株团三角形配置 A 模式

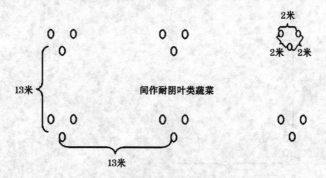

图 9-42 叶(叶球)类蔬菜与杨树 3 株团三角形配置 B 模式

3.4 株团正方形配置

(1)栽植规格

A.(2米×2米)×13米×17米　每667米² 植树 3 团 12 株

B.(2米×2米)×15米×15米　每667米² 植树 3 团 12 株

(2)复合经营模式　见图 9-43,图 9-44。

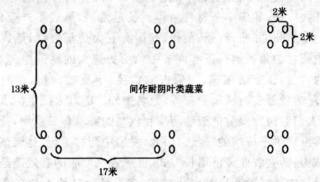

图 9-43　叶(叶球)类蔬菜与杨树 4 株团
正方形配置 A 模式

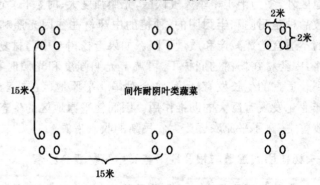

图 9-44　叶(叶球)类蔬菜与杨树 4 株团
正方形配置 B 模式

第四节 杨树团状配置与
中药材复合经营

我国有极为丰富的天然中药材资源,在全国各地均有分布。改革开放以来,我国中药材种植得到长足发展,形成了产业化、基地化。如亳州、祁州、辉州、禹州、安国有五大药都之称,形成人工种植中药材的集散地。还有许多种植历史悠久的地道中药材,如吉林的人参,辽宁的细辛,内蒙古的黄芪,宁夏的枸杞,青海的大黄,安徽的牡丹皮、茯苓、菊花等,驰名中外。随着人民生活水平的提高,人们对医疗保健的天然药物和饮料的需求与日俱增,药材市场上常出现供不应求的现象。因此,发展中药材生产,是调整农业种植结构、转变农业经济增长方式、促进农民增收的有效途经。

天然中药材除花果类中药材外,多数品种自然生长在高寒冷凉地区,在林下生长的药材品种甚多。而在华北平原地区,除部分沿海地区外,多为半干旱季风气候区,光照强度大、时数长,而中药材多数品种是耐阴和半耐阴的,种植的中药材往往因光照和气候条件的不适宜造成减产和质量下降。如果走杨树与中药材复合经营之路,中药材在杨树的庇护下,可调节光照强度和光照时数,使其得到较适宜的生长发育环境,将会对华北平原地区的中药材种植和产业化发展有巨大的助推作用。因而使平原地区的生态环境得到改善,拓宽了平原农区广大农民新的收入来源。

一、杨树团状配置与根及地下茎类中药材复合经营

(一)根及地下茎类中药材品种及特性

1. 耐阴类品种及特性 主要品种有人参、黄连、党参、白术、延胡索、百合、知母、桔梗、半夏等。气温在 15℃～25℃、中等光照或弱光照条件下能正常生长。在中性或微酸、微碱性土壤也能生

长。气温超过 28℃,强光条件下生长不良。

2. 半耐阴类品种及特性　主要品种有丹参、贝母、地黄、山药、黄芪、牡丹皮、明党参、板蓝根等。在气温 20℃～25℃、中等光照条件下能正常生长。在中性土壤或微酸、微碱性土壤上也能生长。气温超过 30℃,强光条件下生长不良。

(二)杨树栽植规格

1. 耐阴中药材种植区

A.(3 米×3 米)×10 米×11 米　每 667 米² 植树 6 团 18 株(3 株团)

B.(2 米×3 米)×13 米×13 米　每 667 米² 植树团 18 株(4 株团)

C.(3 米×3 米)×11 米×12 米　每 667 米² 植树 5 团 15 株(3 株团)

2. 半耐阴中药材种植区

A.(2 米×2 米)×13 米×13 米　每 667 米² 植树 4 团 12 株(3 株团)

B.(2 米×2 米)×15 米×15 米　每 667 米² 植树 2 团 12 株(6 株团)

C.(2 米×2 米)×13 米×17 米　每 667 米² 植树 3 团 9 株(3 株团)

(三)复合经营模式

1. 耐阴类中药材复合经营模式

(1)3 株团三角形配置　见图 9-45,图 9-46。

(2)3 株团线段型配置　见图 9-47,图 9-48。

(3)4 株团长方形配置　见图 9-49。

2. 半耐阴类中药材复合经营模式

(1)3 株团三角形配置　见图 9-50,图 9-51。

(2)3 株团线段型配置　见图 9-52,图 9-53。

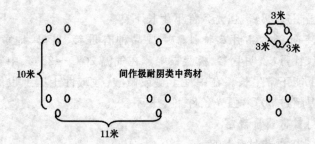

图 9-45　耐阴类中药材与杨树 3 株团三角形配置 A 模式

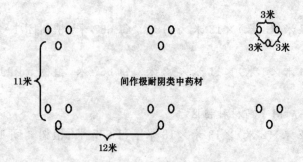

图 9-46　耐阴类中药材与杨树 3 株团三角形配置 B 模式

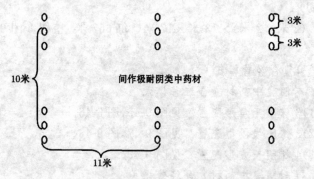

图 9-47　耐阴类中药材与杨树 3 株团线段型配置 A 模式

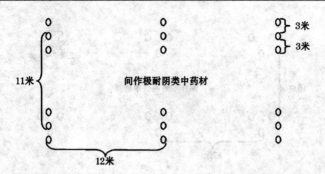

图 9-48　耐阴类中药材与杨树 3 株团线段型配置 B 模式

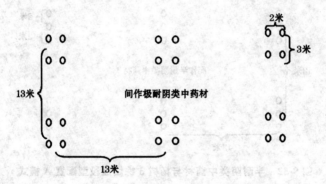

图 9-49　耐阴类中药材与杨树 4 株团长方形配置模式

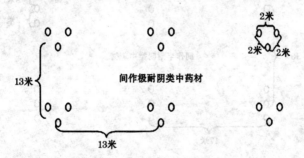

图 9-50　半耐阴类中药材与杨树 3 株团三角形配置 A 模式

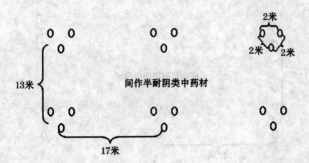

图 9-51　半耐阴类中药材与杨树 3 株团三角形配置 B 模式

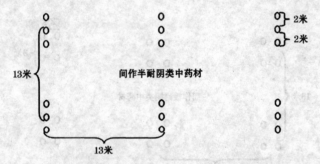

图 9-52　半耐阴类中药材与杨树 3 株团线段型配置 A 模式

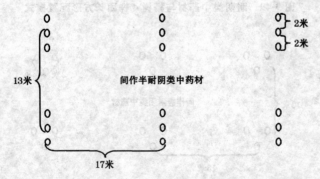

图 9-53　半耐阴类中药材与杨树 3 株团线段型配置 B 模式

(3)6株团长方形配置　见图9-54。

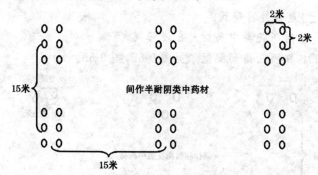

图9-54　半耐阴类中药材与杨树6株团长方形配置模式

二、杨树团状配置与花类中药材复合经营

（一）花类中药材品种及特性　花类主要中药材有红花、金银花、菊花、款冬花、玫瑰花等。喜温暖气候，适温为20℃～25℃，超过30℃时生长不良。喜光但在强光照射下生长不良。在中性壤土和沙壤土上生长良好，也能在微碱或微酸土壤中生长。多数品种为耐寒和半耐寒植物。其中款冬花、菊花属稍耐阴植物。

（二）杨树栽植规格

1. 稍耐阴花类中药材种植

A.（2米×2米）×13米×17米　每667米^{2}植树3团9株（3株团）

B.（2米×2米）×15米×15米　每667米^{2}植树3团9株（3株团）

2. 喜光花类中药材种植

A.（2米×2米）×16米×20米　　每667米^{2}植树2团6株（3株团）

B.（2米×2米）×18米×18米　　每667米^{2}植树2团6株（3

株团)

(三)复合经营模式

1. 稍耐阴花类中药材复合经营模式

(1)3 株团三角形配置　见图 9-55,图 9-56。

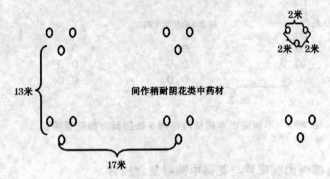

图 9-55　稍耐阴花类中药材与杨树 3 株团
三角形配置 A 模式

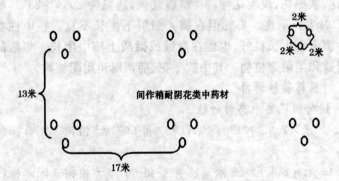

图 9-56　稍耐阴花类中药材与杨树 3 株团
三角形配置 B 模式

(2)3 株团线段型配置　见图 9-57,图 9-58。

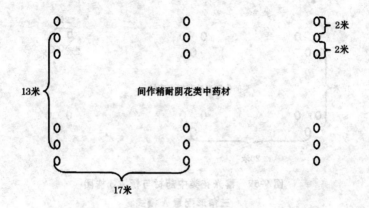

图 9-57 稍耐阴花类中药材与杨树 3 株团 线段型配置 A 模式

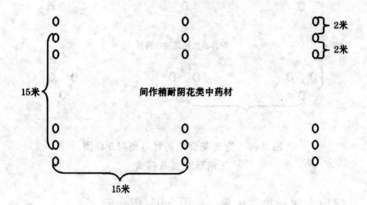

图 9-58 稍耐阴花类中药材与杨树 3 株团 线段型配置 B 模式

2. 喜光花类中药材复合经营模式

(1)3 株团三角形配置 见图 9-59,图 9-60。

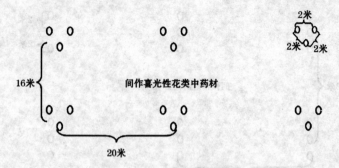

图 9-59 喜光花类中药材与杨树 3 株团 三角形配置 A 模式

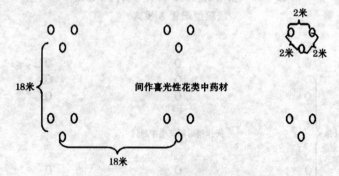

图 9-60 喜光花类中药材与杨树 3 株团 三角形配置 B 模式

(2)3 株团线段型配置 见图 9-61,图 9-62。

三、杨树团状配置与果类(木本)中药材复合经营

(一)果类(木本)中药材品种及特性 果类(木本)中药材主要有山茱萸、木瓜、枸杞、连翘等。这四种中药材均属木本植物,对土壤要求不严,喜光、喜温湿、温凉气候。其中枸杞、连翘稍耐阴。

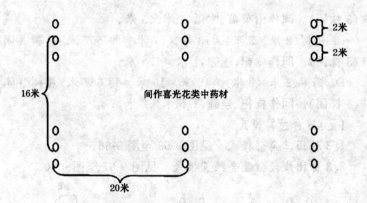

**图 9-61 喜光花类中药材与杨树 3 株团
线段型配置 A 模式**

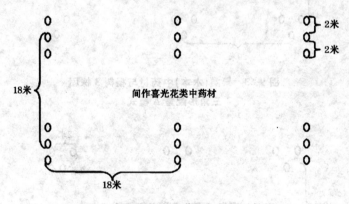

**图 9-62 喜光花类中药材与杨树 3 株团
线段型配置 B 模式**

(二)杨树栽植规格及中药材品种配置

A. 杨树(2 米×2 米)×16 米×20 米 每 667 米^2 植树 2 团 6 株(3 株团)。间作山茱萸、木瓜,2 米×2.5 米。

B. 杨树(2 米×2 米)×18 米×18 米 每 667 米^2 植树 2 团 6

株(3株团)。间作山茱萸、木瓜,2米×3米。

C. 杨树(2米×2米)×13米×17米　每667米²植树3团9株(3株团)。间作枸杞、连翘,1米×1.5米。

D. 杨树(2米×2米)×15米×15米　每667米²植树3团9株(3株团)。间作枸杞、连翘,1.5米×2米。

(三)复合经营模式

1. 3株团三角形模式　见图9-63至图9-66。

2. 3株团线段型复合经营模式　见图9-67至图9-70。

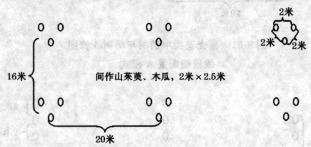

图9-63　果类(木本)中药材与杨树3株团
三角形配置A模式

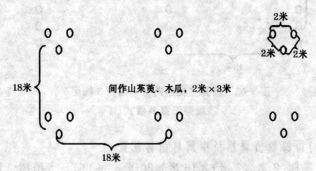

图9-64　果类(木本)中药材与杨树3株团
三角形配置B模式

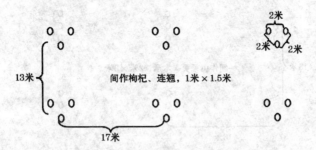

图 9-65　果类(木本)中药材与杨树 3 株团
三角形配置 C 模式

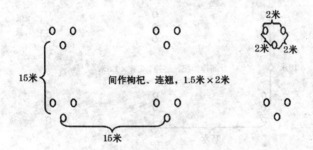

图 9-66　果类(木本)中药材与杨树 3 株团
三角形配置 D 模式

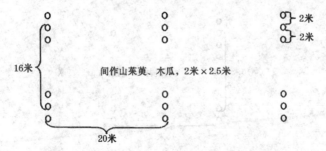

图 9-67　果类(木本)中药材与杨树 3 株团
线段型配置 A 模式

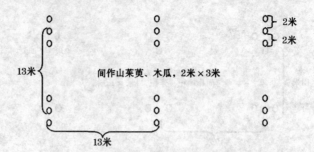

图 9-68　果类(木本)中药材与杨树 3 株团

线段型配置 B 模式

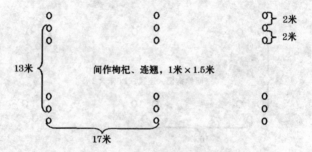

图 9-69　果类(木本)中药材与杨树 3 株团

线段型配置 C 模式

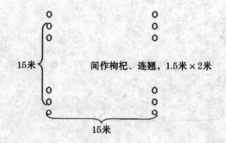

图 9-70　果类(木本)中药材与杨树 3 株团

线段型配置 D 模式

第十章　杨树主要病虫害防治

第一节　杨树主要病害防治

一、叶部病害防治

（一）杨树叶锈病　是杨树发生最普遍、受害最严重的叶部病害。叶片上产生枯黄色夏孢子堆，破裂后散放出夏孢子，为黄色粉状物。夏孢子萌发最适温度为 15℃～20℃，温度低于 10℃和超过 29℃则很少萌发。

防治方法：①在春季杨树萌芽期，当病芽大部分出现，在病菌夏孢子飞散之前，喷洒 25％三唑酮可湿性粉剂 1 000 倍液。②用 70％甲基硫菌灵可湿性粉剂 1 000 倍液喷雾，或 80％代森锰锌可湿性粉剂 800 倍液防治效果很好。

（二）杨树黑斑病　是杨树的主要叶部病害。主要发生在苗圃、幼林地，成林地也有发生，首先在叶背面出现针刺状凹陷、发亮的小点，后变为红褐色和深褐色，直径为 1 毫米左右。5～6 天出现灰白色小点，为病菌分生孢子盘。病斑扩大后，连成圆形和多角形大斑，甚至整个叶片变黑，病叶可提早 2 个月脱落，严重影响树木生长。该病菌发展的适宜温度是 20℃～28℃，在邯郸地区 6～8 月份发病较重。

防治方法：①用 1∶1∶150～200 波尔多液喷雾防治。②用 75％代森锰锌水分散粒剂 1 000 倍液或 80％代森锰锌可湿性粉剂

1 000 倍液喷雾。③用 70％甲基硫菌灵可湿性粉剂 1 000 倍液喷雾。④用 80％代森锰锌可湿性粉剂 800 倍液防治。

上述药品连喷 2 次,间隔 7～10 天,轮换用药效果更好。

(三)杨树灰斑病 又名黑脖子病,危害青杨派、白杨派、黑杨派各品种。主要危害杨树叶片、嫩梢和茎干。感病叶片上有直径 1 厘米的圆形病斑,病斑中心灰白色,边缘褐色,健、病界限明显。幼苗嫩梢受害后,病部变黑枯死,病斑以上部分死亡变黑,而嫩梢未木质化的折断下垂,故称"黑脖子"。

病原为真菌。该病适宜发病温度为 20℃～25℃,降水多、空气温度大则发病重。东北地区 6 月上旬开始发病,7～8 月份为发病高峰期,9 月份停止发展。该病危害多种杨树,但以黑杨派和青杨派杂交种易感病,白杨派及杂交种感病轻或不感病。

防治方法:①人工防治:苗木栽植不要过密,夏季叶片过多时,去掉下部 3～5 片叶,以便通风降温。②化学防治:用 70％甲基硫菌灵可湿性粉剂 600 倍液,或 65％代森锰锌可湿性粉剂 500 倍液,或 50％多菌灵可湿性粉剂 600 倍液等喷雾防治。

(四)杨树炭疽病 该病危害白杨派、青杨派、黑杨派等多种杨树品种,还危害其他果树林木。在不同杨树品种上出现不同症状:北京杨感病后,首先在叶柄基部出现黑褐色病斑,环绕叶柄一周后叶柄和叶片变黑枯死,叶片悬挂枝上,翌年春、夏季才全部落光。毛白杨感病后,叶片上病斑为近圆形或不规则形,中间为黄褐色或灰白色,边缘有一黑色带,病、健界限明显。病枝上病斑为浅栗褐色、梭形,边缘隆起。

病原为真菌。不同杨树品种发病早晚不同,毛白杨 3～4 月份开始传播、侵染,北京杨在 5 月下旬至 7 月下旬侵染发病。下雨早则发病早,雨量大则发病重。毛白杨、北京杨最易感病,黑杨派发病较轻。

防治方法:①化学防治:发病初期可喷洒 40％多菌灵可湿性

粉剂 800 倍液,或 70％代森锰锌可湿性粉剂 500～600 倍液,或 1∶0.4∶100 波尔多液,保护树木枝叶。②清除病源:秋季剪除树冠下部枝叶,深埋或烧毁,减少病菌侵染源。③选择抗病杨树品种和品系。

(五)杨树斑枯病　是杨树常见病害,危害白杨派、青杨派和黑杨派等品种及品系。

主要侵染叶片,严重时也侵染叶柄和嫩梢。受害叶片表面病斑为褐色,初为近圆形,直径 0.5～1 毫米,后扩大为多角形,直径 2～10 毫米,边缘深褐色,中间为白色至浅褐色,上面有散生或轮生小黑点,为病菌的繁殖体。多个病斑连成大片后叶片枯死。

病原为真菌。病菌在病叶内越冬,6 月中下旬树冠下部叶片开始发病,逐步向上蔓延,7～9 月份为发病盛期,9 月份病叶开始脱落。幼树发病较晚,夏、秋季高温,高湿多雨,苗木或幼树移植太密,则发病较重。

防治方法:①选择抗病杨树品种。②清除病源。秋季收集落叶销毁,减少病菌来源。③化学防治。发病初期喷洒 1∶1∶100 波尔多液,或 65％代森锌可湿性粉剂 600 倍液,或 50％肿·锌·福美双可湿性粉剂 1 000 倍液,间隔 10～15 天喷 1 次,共喷 2～3 次。

(六)杨树叶枯病　该病主要危害青杨派、黑杨派、白杨派品种及杂交种。黑杨派及杂交种发病较普遍。主要危害杨树叶片,嫩梢和幼茎。受害叶片上出现近圆形、多角形或不规则形病斑,直径 1～5 毫米,有时可连成大斑。嫩梢和嫩茎上的病斑凹陷,梭形,上有绿色霉层。

病原为真菌。一般为 6 月份发病,7～8 月份为发病盛期。高温、多雨、高湿、植株过密,通风透光不良有利于病菌的传播和侵染,发病较重。

防治方法:①选用抗病性强的杨树品种育苗或造林。②清除病源。及时清除枯枝、落叶,集中销毁。③化学防治。发病初期喷75％百菌清可湿性粉剂500倍液,或40％乙膦铝可湿性粉剂300倍液,或50％胂·锌·福美双可湿性粉剂1 000倍液喷雾防治,间隔7～10天喷1次,连喷3次。

(七)杨树角斑病 又名杨斑点病,主要危害白杨派和黑杨派品种。危害杨树叶片及嫩梢。毛白杨发病初期叶片上先出现针头大小的黄绿色水渍斑,以后沿叶脉逐渐扩大,形成圆形或不规则形病斑,初为紫红色,很快变为褐色,边缘呈黑褐色,中央有黑褐色点,严重时许多病斑连在一起形成大枯斑。病斑上着生不明显的小黑点,即病菌的分生孢子堆,高温多湿时呈白霉状。

病原为杨尾孢菌。病菌以菌丝体在病叶上越冬,翌年春产生分生孢子,为初侵染源,随风雨传播到寄主叶片上,产生芽管,由气孔或表皮侵入,在适宜温度、湿度条件下潜伏3～5天后出现病斑。一般6月初开始发病,7～8月份为发病高峰。高温、多雨利于发病,向阳干燥处病害较少。

防治方法:①清除病源。秋后清扫林内落叶,深埋或烧掉,消灭病原菌。②农业防治。合理确定造林密度,保持林内通风透光,避免栽植过密。③化学防治。发病初期喷洒1∶1∶100波尔多液,或65％代森锰锌可湿性粉剂600倍液,或50％胂·锌·福美双可湿性粉剂1 000倍液,间隔10～15天喷1次,连喷2～3次。

二、枝干病害防治

(一)杨树溃疡病 是幼龄期杨树发生较严重的主要病害,近几年有大面积发生蔓延的趋势。主要危害树干、枝条,严重时会造成幼树死亡和大树枯梢。春季月平均气温为18℃～25℃时最适宜发病。

防治方法:①化学防治。可在5～6月份和8～9月份树干发病部位喷药。防治该病的有效药剂有：50％代森铵水剂 200 倍液，或 50％多菌灵可湿性粉剂 400 倍液，或 75％百菌清可湿性粉剂 400 倍液，或 75％代森锰锌可湿性粉剂 800 倍液，或 40％氟硅唑乳油 6 000 倍液。②康复治疗。给造林后的幼树树干喷施 5406 细胞分裂素 100 倍液，或赤霉素 50～100 毫克/千克，以促进愈伤组织形成，诱导杨树产生抗性，降低发病指数。

（二）**杨树破腹病**　该病多发生在 4～6 年生的杨树幼树上。发病部位多在距地面 20～50 厘米的树干基部。病树树皮纵裂，向上方发展很快，长度可达到数米。病部树皮干腐或湿腐。最后脱落露出木质部。造成此病的主要原因是昼夜温差过大和风力造成树干摇动所致。在树干南面和西南面发病较多。大于 15℃的昼夜温差和大于 6 米/秒的风速是产生破腹病的重要条件。该病集中发生在 2 月中旬至 3 月下旬，秋末冬初也偶有发生。发病高度一般在 20～30 厘米处。

防治方法：①树干涂白，用生石灰 1 份、水 5 份制成 1∶5 的石灰水涂于树干距地上 1 米高处。②树干地面以上 1 米高处绑草把，或用 0.05 毫米以上厚度的塑料膜绕树绑扎。③2 月下旬至 3 月上旬，待树芽萌动前在树干上喷 100 毫克/千克的赤霉素或防冻素，有利于解冻和冻伤愈合。

（三）**杨树腐烂病**　又名烂皮病，分布全国杨树栽培区，尤以东北、西北、华北更为普遍。主要危害杨树干部和枝条，病斑多呈现在芽痕、节疤、皮孔、冻伤、烧伤、虫伤、机械损伤处，破坏韧皮部。该病有干腐和枯梢两种类型，其中干腐型较为常见，多发生在成年树主干，大枝及树分杈处；枯梢型多发生在幼树的主枝或一些不抗寒易冻的群体中。病害发生初期，树干皮层变色、无明显病斑，病部的枝梢失水枯死。树皮出现暗褐色水肿状病斑，皮下有酒糟味，随后失水下陷，皮层腐烂变软，用手压时有水渗出，木质部表面出现褐变。病斑失水后树皮干缩下陷，有时呈龟裂状，病斑有明显的黑褐色边缘。适宜条件下病斑不断扩大,皮层纤维分离成麻状。病斑发展绕干一周时,会造成全株死亡。枯梢型主要发生在1～4年生的幼树或大树枝条上。发病初期呈暗灰色,后期在病斑糟烂处形成黑色小点,此为病菌的子囊壳。

该病菌为真菌。在中、幼林杨树上发病重,特别是2～5年生树发病严重,大树上发病少。每年春季和秋季两次发病,春季发病重于秋季。在我国华北、东北、西北地区4月底至5月初,气温7℃时病菌开始活动,日平均气温在10℃～15℃时(5月中旬至6月初),为第二次发病高峰。6月份以后,气温在20℃以上时发病缓慢,9～10月份开始第二次发病高峰。

防治方法:①农业防治。要适地适树加强管理,保证杨树健壮生长是防治本病的主要途径。②刮治病斑。每年4～5月份纵向刮破树皮至韧皮部,将病斑刮掉,在病斑处涂10倍液的食用碱水(小苏打 $NaHCO_3$ 1份加水10份),或40％福美双可湿性粉剂50倍液,或10％双效灵水剂10倍液,或20％嘧啶核苷类抗生素水剂10倍液,直到欲流下为止,间隔7～10天,连涂2～3次。

(四)杨树枝瘤病　该病主要危害白杨派品种及杂交种。感病枝条首先在芽痕和分枝处出现隆起,逐渐膨大为瘤状物,肿瘤质地坚硬,密生的肿瘤呈串珠状。病枝扭曲,生长被抑制,甚至枯死,易引起不定芽萌生和幼枝丛生。

病原菌为杨大茎点菌。病菌以菌丝和分生孢子器,在杨树被害部位的皮层内越冬。春季产生分生孢子,经风雨和昆虫传播,由伤口、芽痕和皮孔侵入,刺激韧皮部和木质部的细胞增生,形成肿瘤。

防治方法:①严格检疫,做好产地调查,杜绝从病区将病害带入。②压缩病区、消灭病源。现有病区要尽早更换易感病品种,剪掉病枝,砍去重病树,并将病枝、病树烧毁。

三、根部病害防治

（一）**杨树紫根病**　又称杨树紫纹羽病，是杨树根部主要病害。主要发生在杨树的主根和较大的侧根上。发病初期病根失去原有光泽，逐渐变为黄褐色，后变为黑色。根皮腐烂，皮层易剥落。苗木及幼树感病后 3 个月左右即枯死；大树枝梢细弱，叶片变小变黄，生长量明显降低。发病高峰期在 4～5 月份。土壤黏重、排水不良的地方容易发病。

防治方法：①防止病菌传播。苗木出圃时严格检查，剔除病苗；或修根后，用 20％石灰水消毒 30 分钟。②在重病地块不宜种植杨树和其他寄主植物，种植禾本科植物 3 年以上再种植杨树。重茬带病菌地块每平方米可用 5～10 克 50％多菌灵可湿性粉剂消毒。造林前将苗木根部用 50％多菌灵可湿性粉剂 300 倍液浸根条杀菌后再定植。

（二）**杨树根瘤病**　是一种世界性病害，在我国分布很广，杨、柳及核果类果树危害最重。在根茎、主根及侧根上长出肿瘤，有时在地上的干、枝部也可发生。该病的病原菌为细菌农杆菌属的"根癌土壤杆菌"，在林间主要靠灌溉水和根部害虫传播。细菌生长最适温度为 25℃～29℃，最低为 10℃，最高为 34℃。白杨派杨树发病较重。

防治方法：①苗木检疫。不要从带病苗圃起苗。②生物农杆菌悬浮液或泥浆蘸苗根栽植。③药剂治疗。可先用刀切除肿瘤，再用 1 000 单位的农用硫酸链霉素或土霉素进行伤口消毒。

第二节 杨树主要虫害防治

一、杨树叶部害虫

（一）杨黄卷叶螟 属鳞翅目螟蛾科。以幼虫为害杨树叶片，严重时可把树叶吃光。在河北1年发生3～4代，幼虫结茧越冬。翌年4月上旬杨树展叶后，越冬幼虫出蛰为害。6月上旬化蛹，中下旬为羽化高峰期，第二代成虫出现高峰期在7月中旬，第三代成虫出现高峰期在8月下旬，第四代成虫出现高峰期在9月下旬。成虫白天隐藏，夜间活动，趋光性极强。幼虫群集顶梢为害，逐渐吐丝缀叶继续取食，多雨季节最为猖獗，3～5天可把嫩叶吃光，形成秃梢。9月上旬为害最重。老熟幼虫在卷叶内吐丝结茧化蛹。

防治方法：①在成虫发生期，设置黑光灯诱杀。②掌握幼虫孵化时机，及时喷洒4.5%高效氯氟氰菊酯乳油2000倍液或25%灭幼脲3号悬乳剂1500倍液，或2.5%高效氯氟氰菊酯乳油2000～3000倍液。

（二）杨扇舟蛾 又名杨树天社蛾。属鳞翅目舟蛾科。1年发生3～4代。6月上旬第一代成虫出现，7月中旬第二代成虫出现，8月下旬第三代成虫出现，10月份老熟幼虫化蛹越冬。成虫夜间活动，有趋光性。成虫产卵多在叶面或小枝上，每头雌成虫可产卵100～160粒。幼虫以第三代、第四代为害最重。

防治方法：①在一至二龄幼虫群集取食时，及时摘除虫包，对减轻后期为害有很大作用。②喷洒每毫升含1亿个孢子的白僵菌，或苏云金杆菌悬浮剂溶液，杀死幼虫。③用4.5%高效氯氰菊酯乳油2000倍液，或2.5%高效氯氟氰菊酯乳油2000～3000倍液，或25%灭幼脲3号1500倍液喷雾防治。

（三）杨尺蠖 又名春尺蠖,沙枣尺蠖,柳尺蠖。属鳞翅目尺蛾科。1 年发生 1 代,以蛹在树冠下土中越夏和越冬,翌年 3 月初当地表温度在 0℃左右时,成虫开始羽化出土。3 月上中旬见卵,4 月上中旬幼虫孵出,取食叶片,在邯郸地区为害最严重时为 4 月中下旬。

防治方法:①进行中耕,捣毁蛹室,减少越夏越冬虫蛹。②在树干基部涂 6 厘米宽的胶环黏虫胶;或在树干基部捆 15 厘米宽的塑料薄膜等,均可阻止雌蛾上树产卵。③用 40％乐果乳油 500 倍液喷雾,或 4.5％高效氯氰菊酯乳油 2 000 倍液喷雾。④用 25％灭幼脲 3 号悬浮剂 1 500 倍液喷雾。

（四）美国白蛾 属世界性害虫,近几年侵入我国。为杂食性害虫,为害 300 多种植物,主要为害杨树、榆树、柳树、桑树、法国梧桐、泡桐、白蜡等用材林,还为害苹果、梨、樱桃、杏等果树品种,可转移为害多种农作物,为害严重时常把叶片吃光。

1 年发生 2～3 代,以蛹越冬。翌年 4～5 月份羽化产卵,幼虫 4 月底开始为害,6 月下旬老熟幼虫爬行下树至隐蔽场所化蛹,越夏蛹多集中在树干老皮缝内,或杂草、石块、表土层内。7 月上旬第一代成虫出现,8 月上旬是为害盛期。8 月份出现世代重叠,8 月中旬第二代蛹开始羽化,第三代幼虫从 9 月上旬开始为害至 11 月中旬。10 月中旬陆续化蛹越冬。越冬蛹多在树皮缝、土石块下和建筑物缝隙等处。

成虫夜间活动,飞翔能力不强,产卵量 500～800 粒,最多近 2 000 粒。初孵幼虫,吐丝结网群集为害叶片。一至三龄幼虫群集取食叶肉组织,吐丝扩大网幕为害。五龄以后分散取食。

防治方法:①人工剪除网幕。三龄前幼虫结网取食,可人工除网幕就地销毁。②灯光诱杀。在各代成虫期利用其趋光性,悬挂杀虫灯诱杀成虫。③草把诱集。在老熟幼虫下树前,在树干 1.5 米高处绑草把,下紧上松,诱集老熟幼虫在草把内化蛹,解下草把连同老熟幼虫集中销毁。④药剂防治。在第一代幼虫破网前喷药防治，或地面喷洒防治。可选用20％除虫脲4 000～5 000倍液，或25％灭幼脲3号悬浮剂1 500～2 000倍液，或0.1％苦参碱粉剂500倍液，或1.6万单位苏云金杆菌悬浮剂1 000倍液，或1.8％阿维菌素5 000～6 000倍液等喷雾防治。

（五）杨小舟蛾　又名杨褐天社蛾。属鳞翅目舟蛾科。主要为害杨树、柳树。初孵幼虫群集结网啃食叶表，受害后叶呈网状干枯。三龄以上幼虫分散取食全叶，严重时可把树叶吃光。

该虫1年发生3～4代，老熟幼虫在枯枝落叶层、墙缝等处化蛹越冬。翌年4月中旬开始羽化成虫。成虫有趋光性，夜间交尾产卵，雌成虫产卵400～500粒于叶片上。第一代幼虫5月上旬孵化，第二代幼虫发生在6月中旬至7月上旬，第三代幼虫发生在7月下旬至8月下旬，第四代幼虫发生在9月上旬。

防治方法：①人工防治。初孵幼虫群集为害叶片时，人工摘除带虫叶片，集中销毁。②物理防治。在成虫期安装黑光灯诱杀。③生物防治。卵期寄生蜂有赤眼蜂、黑卵蜂、广腿小蜂，寄生率较高，应加以保护。④化学防治。可选用25％灭幼脲3号悬浮剂1 500～2 000倍液，或1.8％阿维菌素乳油5 000～6 000倍液，或4.5％高效氯氰菊酯乳油1 500～2 000倍液等喷雾防治。

（六）杨白潜叶蛾　又名杨白潜蛾、杨白纹潜蛾。属鳞翅目潜叶蛾科。主要为害杨树，幼虫在叶片表皮下潜食叶肉，潜食后叶片变黑、焦枯，提前脱落。

该虫1年发生3～4代，以蛹在被害叶片或树皮缝中越冬。蛹在纺锤形白茧中，其上覆有"H"形稀薄白茧。各代成虫出现期为，第一代成虫4月中旬至5月上旬，第二代成虫5月下旬至6月中旬，第三代成虫7～8月份。成虫有趋光性，白天活动，产卵于叶片正面贴近主脉和侧脉处，5～7月份粒排列成块状或条状，每头雌虫平均产卵50粒左右。

防治方法：①人工防治。冬、春季节清除林内落叶，集中销毁，消灭越冬虫蛹。②化学防治。成虫卵期和幼虫发生期，喷1.8％阿维菌素乳油2 000～2 500倍液，或25％灭幼脲3号悬浮剂1 500～2 000倍液喷雾防治。

（七）杨银潜叶蛾　属鳞翅目潜叶蛾科。为害多种杨树，是苗木和幼树的主要害虫之一。幼虫在叶表皮下潜食叶肉，蛀成线形的蜿蜒潜痕，严重时整个叶片布满潜痕，叶片皱缩，提早脱落。

1年发生4代，成虫在地表缝隙及枯枝落叶中越冬，或以蛹在被害的潜道内越冬。越冬成虫翌年在3～4月间开始活动，越冬蛹相继羽化。卵散产于叶片上1～3粒。

防治方法：①清除虫源。秋冬季清扫林内落叶，集中销毁，可消灭越冬虫茧。②化学防治。4.5％高效氯氰菊酯乳油1 000～1 500倍液，或20％吡虫啉可湿性粉剂1 000倍液，喷洒叶片，毒杀潜入叶内的幼虫和已羽化的成虫。

二、杨树枝干害虫

（一）白杨透翅蛾　属鳞翅目透翅蛾科。幼虫为害杨树和柳树，苗木和幼树受害后形成虫瘿，易遭风折。1年发生1代，以幼虫在虫道内越冬。翌年4月份越冬幼虫恢复取食，下旬开始化蛹，5月上旬成虫开始羽化，6月中旬至7月上旬为羽化高峰期，4月上旬为老熟幼虫为害期，8～9月份为第一代幼虫为害期。

防治方法：①严格进行检疫，苗木调运时要清理有虫苗木，禁止有虫苗木进入非疫区。②在成虫羽化盛期，用性诱剂杀雄虫。③用50％杀螟松乳油20～60倍液，涂抹排粪孔，用80％敌敌畏乳油500倍液注射虫孔，或蘸药棉堵孔，杀死幼虫，或用毒签塞孔毒杀。④保护利用啄木鸟，啄木取食幼虫，发挥益鸟对害虫的控制。

（二）草履蚧　又名草履硕蚧。属同翅目蚧科。此虫寄主较杂，为害多种果树、林木，近几年成片杨树林受害严重，若虫和雌成虫将刺吸式口器插入嫩芽和嫩枝吸食汁液,致使树势衰弱,发芽迟,叶片瘦黄,枝梢枯死,为害严重时造成早期落叶或整株死亡。

该虫1年发生1代,以卵在寄主植物根部周围的土中越夏、越冬。翌年1月中下旬越冬卵开始孵化,若虫孵出后暂时停居在卵囊内,随温度升高陆续出土上树,2月中旬至3月中旬为出土盛期。若虫多在中午前后沿树干爬到嫩枝顶芽、叶腋和芽腋间,待新叶初展时群集顶芽上刺吸为害。稍大后喜在直径5厘米左右的枝上取食,并以阴面为多。3月下旬至4月下旬第二次蜕皮后陆续转移到树皮裂缝、树干基部、杂草落叶中、土块下分泌白色蜡质做薄茧化蛹,5月上旬羽化。雌若虫第三次蜕皮后变为雌成虫,交尾后沿树干下爬到根部周围土层中产卵,越夏、越冬。田间为害期为3~5月份,6月份以后树上虫量减少。

防治方法:①清除虫源。秋冬季结合翻树盘、施基肥、挖出土缝等处的卵块,集中销毁。②树干黏杀虫带。在1月底草履蚧上树前,在树干50厘米高处黏10厘米宽的塑料胶带,上涂杀虫药膏,防治效果很好。③化学防治。树木发芽后,喷40%甲萘威悬浮剂800倍液,或80%敌敌畏乳油,或48%毒死蜱乳油,或50%马拉硫磷乳油1000倍液。

(三)青杨天牛　属鞘翅目天牛科。以幼虫蛀食杨柳枝干,被害处形成虫瘿,使枝梢干枯或遭风折。1年发生1代,以老熟幼虫在虫瘿内越冬。翌年3月份开始化蛹,蛹期20~34天。成虫4月上旬出现,4月下旬出现卵,5月上旬相继孵化成幼虫,并进入嫩枝为害,逐步进入木质部蛀道取食为害至10月上旬。10月中下旬越冬。

防治方法:①做好苗木检疫工作。②成虫羽化盛期用40%乐果乳油1000倍液,或80%敌敌畏乳油1000倍液,或4.5%高效氯氰菊酯乳油1500倍液喷树冠,杀死成虫和初孵幼虫。③6月下旬至7月初,幼虫发育至中龄阶段,此时可释放管氏肿腿蜂,以肿腿蜂：虫瘿＝1：4的比例放蜂。可收到良好的寄生效果。

（四）光肩星天牛　属鞘翅目天牛科。1年发生1代或2年发生1代，以幼虫或卵越冬。翌年3月下旬越冬幼虫开始取食，4月底至5月初幼虫老熟，在虫道上部化蛹。6月上中旬为化蛹盛期，每头雌成虫平均产卵32粒，卵期在6～7月份，约11天。幼虫孵出后，先取食腐坏的韧皮部，二龄以后取食新鲜组织，并开始蛀凿虫道。

防治方法：①加强肥水管理，提高树木对害虫的抵抗能力。②成虫出现期，在树干基部注射10％吡虫啉液剂，每厘米0.8毫升/胸径。成虫出现高峰期，对树干和侧根喷洒绿色微雷，或喷4.5％高效氯氟氰菊酯乳油1 500倍液杀死成虫。③幼虫期用磷化锌毒签插入虫孔，密封虫道口，或用久效磷100倍液，注入虫道，均可杀死大龄幼虫。

（五）桑天牛　又名粒肩天牛。属鞘翅目天牛科。主要为害白杨派、苹果和桑树，黑杨派受害较轻。2年发生1代，以幼虫在虫道内越冬。翌年3月份越冬幼虫开始取食，5月上中旬为化蛹盛期，6月中旬至7月中旬为孵化盛期。成虫取食桑树、构树，白天取食，夜间飞回杨树、果树等寄主上产卵，常产卵于1～1.5厘米粗的枝条，每头雌成虫约产卵100粒，卵期13天，幼虫孵化后向下方钻蛀虫道，直至主干，隔一段距离向外咬一圆形排粪孔，钻蛀虫道长0.9～5米，幼虫老熟后在虫道后1～3个排粪孔之间化蛹，蛹期26～29天。

防治方法：①在林地周围1 000米范围内，清除桑树、构树等桑科乔木植物，断绝成虫营养源。②化蛹盛期，用木棒堵死羽化孔雏形，可把成虫闷死在虫道内。③幼虫期，用80％敌敌畏乳油加柴油（1：20倍），或40％乐果乳油100倍液注射虫孔。④用磷化锌毒签插入虫孔，密封孔口杀死幼虫。⑤保护和利用啄木鸟。

金盾版图书,科学实用,
通俗易懂,物美价廉,欢迎选购